基本が
しっかりわかる授業

作って
学ぶ
デザイン

A book for beginners that teaches
the basics of *Illustrator* and *Photoshop*
through hands-on practice

浅野 桜

SB Creative

本書の対応バージョン

Adobe Illustrator 2025 / Photoshop 2025

　本書記載の情報は、2025年3月現在の最新版である「Adobe Illustrator CC 2025」「Adobe Photoshop CC 2025」の内容を元にして制作しています。

　パネルやメニューの項目名や配置などはIllustratorやPhotoshopのバージョンによって若干異なる場合があります。

▶ **サンプルファイルのダウンロード**

本書で解説しているサンプルのデータは、以下の本書サポートページからダウンロードができます。

サポートページ　https://isbn2.sbcr.jp/21575/

本書に関するお問い合わせ

　この度は小社書籍をご購入いただき誠にありがとうございます。小社では本書の内容に関するご質問を受け付けております。本書を読み進めていただきます中でご不明な箇所がございましたらお問い合わせください。なお、お問い合わせに関しましては下記のガイドラインを設けております。恐れ入りますが、ご質問の際は最初に下記ガイドラインをご確認ください。

▶ **ご質問の際の注意点**

- ご質問はメール、または郵便など、必ず文書にてお願いいたします。お電話では承っておりません。
- ご質問は本書の記述に関することのみとさせていただいております。従いまして、○○ページの○○行目というように記述箇所をはっきりお書き沿えください。記述箇所が明記されていない場合、ご質問を承れないことがございます。
- 小社出版物の著作権は著者に帰属いたします。従いまして、ご質問に関する回答も基本的に著者に確認の上回答いたしております。これに伴い返信は数日ないしそれ以上かかる場合がございます。あらかじめご了承ください。

▶ **ご質問送付先**

ご質問については下記のいずれかの方法をご利用ください。

> **Webページより**
> 上記のサポートページ内にある「お問い合わせ」をクリックすると、メールフォームが開きます。要綱に従って質問内容を記入の上、送信ボタンを押してください。
>
> **郵送**
> 郵送の場合は下記までお願いいたします。
> 〒105-0001　東京都港区虎ノ門2-2-1　SBクリエイティブ 読者サポート係

- 本書では、Mac版の「Illustrator 2025」と「Photoshop 2025」を使用した画面で解説を行っています。Windows版をお使いの方は、一部名称や操作が本書と異なる場合があります。あらかじめご了承ください。
- 本書内に記載されている会社名、商品名、製品名などは一般に各社の登録商標または商標です。本書中では®、™マークは明記しておりません。
- 本書の出版にあたっては正確な記述に努めましたが、本書の内容に基づく運用結果について、著者およびSBクリエイティブ株式会社は一切の責任を負いかねますのでご了承ください。

©2025 Sakura Asano　本書の内容は著作権法上の保護を受けています。著作権者・出版権者の文書による許諾を得ずに、本書の一部または全部を無断で複写・複製・転載することは禁じられております。

はじめに Prologue

　この本を手にとっていただきありがとうございます。この本はIllustratorやPhotoshopをこれからきちんと勉強したい人やそれを教える先生方に向けて、両方の基本的な操作について基礎をしっかり書いた本です。

　私自身、使い始めて20年近くが経ちますが、いまだに「IllustratorやPhotoshopって楽しいな!」という気持ちと「全然分からない……」という気持ちを毎日行ったり来たりしています。世界中のプロが使用するデファクトスタンダード（業界標準）のアプリですから、操作の難易度にも納得できます。また、講師としてさまざまな皆さまと接する中で「ここ分かりづらいよね。わかるわかる!」と共感することもあれば、「なるほどここがつまずきやすいのか」と、発見の多い日々を送っています。

　そんな実体験を基にこの本の各Chapterでは、はじめに「授業編」としてデザインデータの考え方や前提知識の説明を多めに設け、操作の分からなさとつまずきをなるべく事前に取り除くような構成にしています。もしアプリを操作した後のほうが納得できるという方は一旦読み飛ばして各Lessonに取り組んでから、困ったときに読んでもらってもOKです。

　内容を考えるにあたっては、学校の授業や課題でAdobeのアプリに取り組む学生の皆さんと、独学でプロを目指す方を念頭におきました。同じデータを再現できるように練習用のサンプルファイルを用意していますが、皆さんの手元にある写真やイラストを素材にして操作を試してみると、理解がより深まると思います。

　デジタルデザイン制作の難しさと書籍の性質上、本書は文字数・ページ数の多い本に仕上がりました。このボリュームはIllustratorやPhotoshopによるデザインデータの制作が奥深く、両者が魅力のあるアプリであることの証です。読者の皆さまが抱える課題の解消に少しでも役立つことを願っています。

浅野 桜

本書の読み方 How to read this book

　本書は、Chapter1でIllustratorとPhotoshopの共通する基本操作を学びます。Chapter2〜9でIllustratorの基本を、Chapter10〜16でPhotoshopの基本を習得したのち、Chapter17でIllsutratorとPhotoshopを使った演習を通して、2つのデザインツールを1冊で学べるような構成になっています。また、Chapter18では、作成したデザインの書き出しの仕方といった、デザイナーの現場で必要とされる知識について解説しています。Chapter2以降では、主に「授業」パートと「実習」パートで構成されており、「授業」で操作に必要な知識を文章と図で解説した後、「実習」で実際の操作を解説する流れになっています。

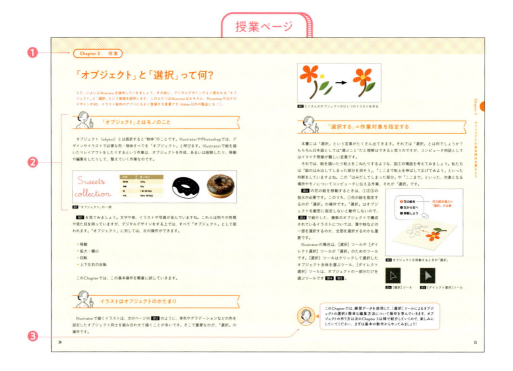

❶ 「授業」／「実習」

　Chapterは1〜18で構成されています。「授業」パートと「実習」パートがあり、「授業」では読んで理解する、「実習」では操作して身につけることを目的とした内容になっています。

❷ 見出し・本文

　「授業」では、主に文章で基本を解説しています。適宜、図や表を使いながら、要点をやさしく丁寧に解説しています。

❸ 吹き出し

　本書に出てくる生徒は、読者の皆さんと同じようにIllustratorやPhotoshopの初心者です。生徒の疑問に対して、先生が回答したり、操作のアドバイスをしています。

「実習」では、サンプルファイルを使って（サンプルファイルがない場合もあります）、本書の手順通りに操作を行いながら、スキルを習得していきましょう。各Chapterの最後には、演習があるので、これまで学習した内容を基に、まずは自分の力だけで、操作してみてください。わからない場合や不安な場合は、前のページの手順を振り返って確認することで知識やスキルアップにつながります。

実習ページ

❹ **Lesson**
各Chapterにはいくつかのレッスンが設けられています。このLessonでは、手順に沿って実際にアプリを触ることで操作方法を学ぶことができます。

❺ **このレッスンでやること**
Lessonでやることが簡潔に記載されています。操作を通して習得したい目標になります。

❻ **「素材」と「完成」**
Lessonで作るデザインのBeforeとAfterが掲載されています。Lessonによっては、素材がない場合もあります。

❼ **STEP**
操作解説です。STEPの順番で操作を行います。また、「memo」で操作の補足説明を行います。

❽ **MINI COLUMN**
Lessonで解説する内容に関する役立つ情報や発展的な内容を紹介しています。

Contents

はじめに 003
本書の読み方 004
目次 006
サンプルファイルのダウンロード 012

Chapter 1
Illustrator と Photoshop の基本
Ai **Ps**

ざっくり学ぶフォトショとイラレ 014
Illustrator と Photoshop の画面構成 018
共通の基本操作 022
ファイルの新規作成と保存 030

Chapter 2
オブジェクトの基本操作を覚えよう
Ai

「オブジェクト」と「選択」って何？ 034
01　「選択」と「移動」をしよう 036
02　拡大・縮小と回転をしよう 040
03　イラストを反転しよう 042

Chapter 3
図形の組み合わせでイラストを描こう
Ai

図形を組み合わせて絵を作ろう 046
01　形を描こう 049
02　オブジェクトを変形・複製しよう 053
03　色を設定しよう 057
04　図形を組み合わせてイラストを仕上げよう 061

Chapter
4
オブジェクトの編集と
レイヤーの仕組みを理解しよう

「レイアウト」を意識しよう		066
01	オブジェクトを複製しよう	069
02	オブジェクトを「グループ」化して編集しよう	071
03	オブジェクトの「整列」と「分布」でレイアウトしよう	074
04	「レイヤー」の順序を操作しよう	077
05	オブジェクトの「重ね順」を理解しよう	079
06	オブジェクトを「ロック・ロック解除」&「表示・非表示」しよう	082
07	いろいろなオブジェクトを効率よく選択しよう	085

Chapter
5
いろいろな色を付けよう

もっと色の扱いを知ろう		090
01	葉っぱの線を調整しよう	092
02	「グラデーション」でグラフを知的な雰囲気にしよう	095
03	[スウォッチ]に色を登録して使おう	098
04	チェックの「パターン」を作ろう	101

Chapter
6
いろいろな線を描こう

Illustratorで絵を描きたい！		106
01	[ブラシ]ツールで絵を描こう	109
02	[塗りブラシ]ツールで色を塗ろう	112
03	[ペン]ツールで直線&ジグザグの線を描こう	115
04	いろいろな曲線を描こう	117
05	アルファベットを描こう	119
06	形を修正しよう	122

7

Chapter
7
文字を入力&デザインしよう
Ai

Illustratorで文字を扱おう		126
01	文字を入力しよう	130
02	Adobe Fontsでフォントを選んで使おう	132
03	サイズと行間を調整して中央に寄せよう	134
04	文字の色を変更しよう	136
05	「アピアランス」で文字全体にフチどりしよう	138
06	長めの文章をレイアウトしよう	140
07	曲線上に文字を配置しよう	143
08	アウトライン化して編集しよう	146

Chapter
8
Illustratorで画像を扱おう
Ai

Illustratorでビットマップ画像を配置しよう		150
01	画像を配置しよう	152
02	画像に「クリッピングマスク」をかけてトリミングしよう	154
03	画像の「リンク」と「埋め込み」を知ろう	157
04	Illustratorで簡単な画像編集にチャレンジしよう	160
05	画像からベクターデータを作ろう	162

Chapter
9
Illustratorで作ってみよう
Ai

01	ロゴを作ろう	166
02	POPを作ろう	172

Chapter 10
Photoshopの「レイヤー」を学ぼう

「レイヤー」って何ができるの？		180
01	［レイヤー］パネルを操作して合成を体験しよう	185
02	写真を開いて新しいレイヤーに絵を描こう	187
03	レイヤーを整理しよう	190
04	写真にグラデーションを合成しよう	194

Chapter 11
画像全体の大きさと色を補正しよう

はじめに「解像度」を学ぼう		198
01	画像サイズと画像解像度を変更しよう	201
02	画面の大きさ「カンバスサイズ」を変更しよう	205
03	画像の方向と傾きを修正しよう	207
「色調補正」の基本を学ぼう		210
04	画像の［明るさ・コントラスト］を調節しよう	213
05	［色相・彩度］で写真の色を変えよう	215

Chapter 12
画像の選択範囲を指定しよう

「選択範囲」って何？		220
01	「選択範囲」を作るための基本動作を学ぼう	224
02	簡単に画像を合成してみよう	226
03	［選択とマスク］で選択範囲を調整しよう	228
04	複数の被写体を選択＆調整しよう	232
05	「パス」ではっきり・しっかり選択しよう	235

Chapter
13
写真の一部を修正&加工しよう

写真の修正&加工をはじめる前に		242
01	余分なモノを削除しよう	245
02	被写体の位置を移動しよう	248
03	［選択範囲］と［色調補正］で美肌を作ろう	252
04	［変形］で缶とラベルを合成しよう	256
05	料理を美味しそうに演出しよう	260

Chapter
14
フィルターと描画モードで
写真の印象をよくしよう

フィルターの仕組みと種類を知ろう		266
01	写真全体をシャープにしよう	273
02	写真の一部をぼかして遠近感をつけよう	275
03	フィルターと描画モードを組み合わせて写真の印象を変えよう	278
04	「レンズフレア」で朝日を演出しよう	280
05	写真をイラスト風にしよう	283
06	［Camera RAW フィルター］でノイズをきれいにしよう	286

Chapter
15
「描画」機能を使ってデザインしよう

描画機能のキホンを知ろう		290
01	シェイプを使って直線と枠線を描こう	293
02	シェイプを使って形を描こう	297
03	ブラシを使って塗り絵をしよう	300
04	文字を入力しよう	304
05	入力した文字を［レイヤー効果］で加工しよう	308

Chapter 16
Photoshopで写真を魅力的に加工しよう

01	ポートレートをキレイに仕上げよう	314
02	写真同士を合成しよう	317
03	ポップなグラフィックを作ろう	324

Chapter 17
Illustrator×Photoshopでデザインを作ろう

01	Photoshopメインでバナー広告を作ろう	334
02	Illustratorメインでダイレクトメールのビジュアルを作ろう	341

Chapter 18
用途に合わせてデータを書き出そう

	「カラーモード」と「カラープロファイル」	354
01	Illustratorで印刷物を作る(1) プリンターで印刷する	358
02	Illustratorで印刷物を作る(2) PDFを作成する	360
03	Illustratorで印刷物を作る(3) 印刷会社に入稿する	362
04	IllustratorでWeb用の画像を作る(1) 基本の設定	364
05	IllustratorでWeb用の画像を作る(2) PNGやJPGで書き出す	366
06	IllustratorでWeb用の画像を作る(3) SVGで書き出す	368
07	Photoshopで印刷物を作る(1) プリンターでトンボ付きデータを印刷する	370
08	Photoshopで印刷物を作る(2) PDFで保存する	372
09	PhotoshopでWeb用の画像を作る	374

索引	376
奥付	384

サンプルファイルのダウンロード

学習を進める前に、本書で使用するサンプルファイルをダウンロードしてください。以下のURLからWebページにアクセスし、［サポート情報］→［ダウンロード］をクリックすると表示されるダウンロードページにて、パスワードを入力することでダウンロードできます。なお、本書の特典の利用は、書籍をご購入いただいた方に限ります。

URL　https://isbn2.sbcr.jp/21575/

　サンプルデータには、本書の解説で使用している画像、デザインデータ、完成データなどが含まれています。すべてのダウンロードデータは著作物であり、一部、またはすべてを再配布したり、改変して使用したりすることはできません。
　また、ダウンロードしたデータの使用により発生した、いかなる損害についても、著者およびSBクリエイティブ株式会社は一切の責任を負いかねますのでご了承ください。
　Lessonごとにフォルダーが分かれておりますので、学習する際はLesson番号をご確認の上、ご利用ください。
　フォルダーの構成とデータの内容は以下となります。

フォルダの構成とデータ内容

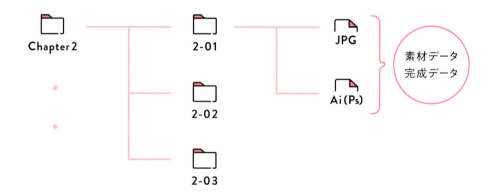

Chapter

1

IllustratorとPhotoshopの基本

IllustratorとPhotoshop、
どちらもイラストやデザイン制作で大活躍するアプリですが、
特徴や使い分けまでを理解するのはなかなか難しいものです。
このChapterでは、IllustratorとPhotoshopの
基本的な特徴や使い方や、違いについて解説します。

> Chapter 1　授業

ざっくり学ぶイラレとフォトショ

プロの現場では、IllustratorとPhotoshopの両方を使いながらデザインやイラストの制作をおこなうことも多くあります。同じアドビ社が提供するアプリで共通点も多いのですが、得意分野に違いがあるので、使い分けられるのが理想的です。

IllustratorとPhotoshop

● Adobe Illustrator（アドビ イラストレーター）

Illustratorはロゴやイラストなど、拡大・縮小してもきれいなデザインを作るのにぴったりのアプリです。これは**ベクターデータ**と呼ばれる方式によるものです。ベクターは形状・位置・サイズ・色などを数値で指定する仕組みなので、正確な図形を描くのに向いています。

「ベクター」で描かれた線は拡大しても線の境界がボヤけず、はっきりしているのが特徴です。
図1

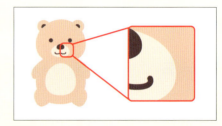
図1 ベクターデータを拡大した際の見え方

「イラストレーター」という名前ですが、ベクターの特徴を活かして、文字を使ったデザインやレイアウト、パッケージのデザインなどにも多く活用されています。

- **ロゴやアイコン**のデザインが得意です。
- **チラシやポスター**など印刷物のデザインにも活躍します。
- 境界線がはっきりしている 図1 のようなイラストにも使用されています。

● Adobe Photoshop（アドビ フォトショップ）

Photoshopは写真や画像の編集に特化したアプリです。写真などの画像データは、ピクセルという小さな四角形の集合でできていて、Photoshopはこのピクセルの数を操作したり、ピクセル同士の色の差を大きくしたり小さくしたりするのが得意です。

写真を拡大すると、その写真の「ピクセル」が見えてきます。一般的に、ピクセルの数が多ければ画質はよく見えます。図2

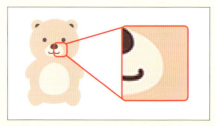
図2 ラスターデータを拡大した際の見え方

こうしたピクセルのデータは**ラスターデータ**、もしくは**ビットマップデータ**とも呼ばれています。Photoshopはこうした画像を多彩な技術で編集でき、JPGやPNGをはじめとしたさまざまなデータ形式への変換も簡単なので、世界中でたくさんのクリエーターが愛用しています。たとえば次のような特徴があります。

- 写真の明るさや色を調整したり、キズを消したりする**画像編集**が得意です。
- 複数の画像を組み合わせて**合成画像**を作成できます。
- デジタルイラストの**彩色**にも活用されています。
- Webの画像制作（サムネイルやヘッダー、バナー画像）にも活用できます。

ふたつのアプリの違いを表にまとめると次のようになります。

IllustratorとPhotoshopの比較

特徴	Illustrator	Photoshop
扱うデータ	ベクター	ピクセル（ラスター）
得意なこと	ロゴやイラスト、図形デザイン	写真編集や画像合成
画像の品質	拡大・縮小してもきれいなまま	拡大するとぼやけることがある
使い道	ロゴ、チラシ、ポスターなど	写真やSNS用の画像

ベクターデータは、ピクセルに変換することもできます。**図2**は、ベクターの線で描いたイラストをピクセルで確認しています。ベクターデータをピクセル（ラスターデータ）に変換することを「**ラスタライズ**」と言います。

IllustratorとPhotoshopは、それぞれ得意なことが違うアプリです。「ロゴやイラストを作りたいならIllustrator」、「写真や画像を編集したいならPhotoshop」というように、目的に合わせて使い分けるととても便利です。また、このふたつを組み合わせて使うと、さらに幅広いデザインができるようになります。

IllustratorとPhotoshopのインストールと導入方法

IllustratorとPhotoshopを使用するには、Adobeのアカウントを取得し、原則としてCreative Cloud（クリエイティブクラウド）のそれぞれの「単体プラン」、もしくはすべてのアプリが使える「コンプリートプラン」のサブスクリプションへの加入が必要です。

はじめてAdobe製品を使用する場合の流れを簡単に紹介します。最新の情報についてはAdobeの公式サイトを参照してください。

① [無料で始める] を選択する

まず、Adobe公式サイト（https://www.adobe.com/jp/）にアクセスし、[無料で始める] を選択します❶。

② アカウントを作成しAdobe IDを入力する

無料のAdobeアカウントを作成します。個人向けの「年間プラン（月々払い）」を選択し❷、[次へ] をクリックします❸。Adobe Stockの選択画面が表示されたら [次へ] をクリックし❹、メールアドレスを入力して❺、[続行] をクリックすると決済が完了します❻。

すでにアカウントをお持ちの場合は、ログインしてください。

> memo
> アカウントの作成手順は変更になる場合があります。

無料体験は7日間です（2025年3月時点）。それを過ぎると、料金が自動的に課金されます。無料体験期間中にサブスクリプションをキャンセルすると費用は発生しません。

③ Creative Cloudアプリのダウンロード（コンプリートプランの場合）

Creative Cloudのダウンロードサイト（https://creativecloud.adobe.com/apps/download/creative-cloud）からインストーラーをダウンロードします❼。インストーラーを開き、画面の指示に従ってCreative Cloudデスクトップアプリをインストールしてください。

16

④ アプリのインストール（コンプリートプランの場合）

　Creative Cloudデスクトップアプリを開き、左側の［アプリ］メニューを選びます。利用したいアプリを選んで［インストール］ボタンをクリックします❽。ダウンロードが完了すると、自動的にインストールが開始されます。

⑤ アプリを立ち上げる

- macOSの場合
　［Finder］→［アプリケーション］でIllustratorもしくはPhotoshopを選択します❾。

- Windowsの場合
　［スタートボタン］→［検索ウィンドウ］に「Adobe」と入力して❿、Illustratorもしくは Photoshopを選択します⓫。

Doc（macOS）やタスクバー（Windows）にショートカットを作っておくと便利です。

MINI COLUMN　ブラウザからの追加方法

　Adobe IDでログインしてAdobeのWebサイト（https://www.adobe.com/home）にアクセスすると、ユーザの契約内容に合わせたホーム画面が表示されます。このホーム画面からも各アプリをインストールできます。

図3 ブラウザからアクセスできるホーム画面

Chapter 1　授業

IllustratorとPhotoshopの画面構成

IllustratorとPhotoshopは別のアプリですが、画面の構成は非常によく似ています。細かい操作についてはそれぞれのChapterで紹介していくとして、ここではIllustratorの画面を使って、両者に共通する名称について紹介します。

● ホーム画面

ホーム画面は、アプリを起動した際に最初に表示される画面の名称です 図1 。

図1　Illustratorのホーム画面

①最近使用したファイルの一覧表示

ホーム画面の中央には、最近開いたファイルがサムネール付きで表示されます。ここからワンクリックで素早く作業を再開することができます。

②新規ファイルの作成

ホーム画面の左側に［新規ファイル］ボタンがあり、アートボードやカンバスのサイズや解像度、プリセット（印刷用、Web用、モバイル用など）を選んで新しいプロジェクトを簡単にはじめられます。また、ホーム画面上部にある［ファイル］メニュー→［新規］からでも新規ファイルの作成ができます。

③ファイルを開く

［開く］ボタンをクリックすると、PCやクラウドストレージから既存のファイルを選択して開けます。

④チュートリアルへのアクセス

ホーム画面の一部には、初心者向けのチュートリアルやプロ向けのスキルアップ動画へのリンクが用意されています。

● 作業画面

ファイルを開くか、新規ファイルを作成すると、作業画面が表示されます 図2 。

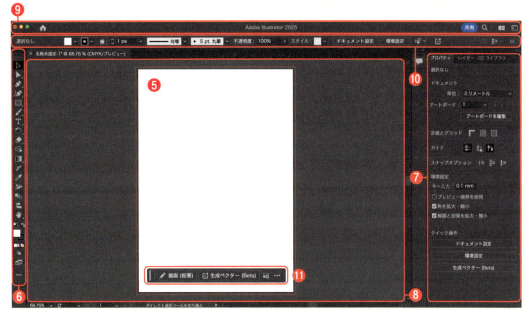

図2 Illustratorの作業画面

⑤アートボード（Illustrator,Photoshop）／カンバス（Photoshop）

　イラストやデザインをおこなうための作業領域のことで、このアートボードの中でレイアウトや描画をおこないます。Photoshopの場合、1枚だけのアートボードを「カンバス」と言い、1枚以上の複数のカンバスを管理できる機能を「アートボード」と呼びますが、本書でのPhotoshopの作業では原則「カンバス」を使っていきます。

⑥ツールパネル（ツールバー）（左側のパネル）

　左側には基本的な操作を行うツールが並んでいます。［選択］ツール（Illustrator）、［移動］ツール（Photoshop）、［ペン］ツール、［ブラシ］ツールなどが配置され、IllustratorとPhotoshopでの主要な作業をサポートします。

⑦パネル（右側のパネル）

　右側のパネルには、レイヤー、カラー、プロパティ、文字など、作業中の内容や画像の詳細設定を行うための情報が表示されます。作業内容に応じて柔軟に変更できます。

⑧ドキュメントエリア（中央部分）

　作業を行うアートボード（Illustrator、Photoshop）やカンバス（Photoshop）が中央に配置されています。アートボードやカンバスのサイズや解像度に応じてズームイン・ズームアウトをしながら、デザイン制作を進められます。Illustratorの場合は、グレーのエリアにも要素を配置できます。グレーのエリアに配置した要素は印刷などには表示されないので、検討中の素材の置き場として利用されることが多いです。

⑨メニューバー（画面上部）

ファイル操作、編集、選択範囲の調整、レイヤーの管理など、基本的な機能にアクセスするためのメニューが上部に配置されています。

図3 Illustratorのメニューバー

⑩コントロールバー／オプションバー（メニューバーの下）

メニューバーの下に表示されているバーです。Illustratorでは「コントロールバー」図4、Photoshopでは「オプションバー」図5と呼びますが、役割は似ていて、選んだツールに応じた項目が表示されます。

たとえばIllustratorで図形を選択しているときには、塗りや線のカラー、線幅、角の丸みなどが表示されます。Photoshopで［ブラシ］ツールを選択しているときには、ブラシのサイズや硬さ、透明度などの設定が表示されます。

図4 Illustratorのコントロールバー

図5 Photoshopのオプションバー

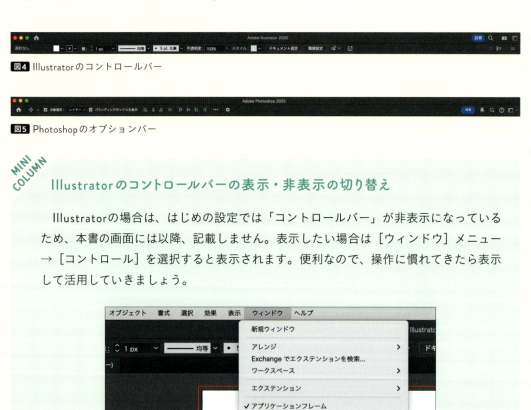

MINI COLUMN　Illustratorのコントロールバーの表示・非表示の切り替え

Illustratorの場合は、はじめの設定では「コントロールバー」が非表示になっているため、本書の画面には以降、記載しません。表示したい場合は［ウィンドウ］メニュー→［コントロール］を選択すると表示されます。便利なので、操作に慣れてきたら表示して活用していきましょう。

図6 コントロールバーの表示

⑪コンテキストタスクバー

選択しているツールや作業内容に応じて、そのときに必要なオプションや機能が表示されます。

コントロールバー（オプションバー）と同じ表示内容になることもありますが、特にPhotoshopで生成AI関連の機能を利用するときには、プロンプト（命令文）を入力する項目として活用します。

こちらも、［ウィンドウ］メニューから表示・非表示を切り替えられます。

本書では、パネルやオプションバーで実行できる項目についてはそちらを利用し、基本的には非表示としています。

ヘルプバー（Illustrator CC 2025以降）

画面の下部に選択中のツールや機能についてのヘルプが表示されます。これを非表示にするには［ウィンドウ］メニュー→［ヘルプバー］を選んでチェックを外します。

ワークスペース（画面全体）

画面全体のことをワークスペースと言います。パネルやコンテキストタスクバーの表示など、ワークスペースの見た目はユーザの使い勝手に合わせてドラッグ操作などで移動や表示・非表示ができます。一度移動したパネルの位置は記録され、アプリを閉じて再度開いたときには同じ場所にパネルが配置されます。こうしたワークスペースは、アプリ側で用意されている設定がいくつかあるほか、ユーザ自身がワークスペースを定義して保存しておくこともできます。

ワークスペースのリセット

誤ってパネルを操作してしまったなどの理由で、ワークスペースを元に戻したい場合は、［ウィンドウ］メニュー→［ワークスペース］→［（ワークスペース名）をリセット］をクリックします。たとえば「初期設定」というワークスペースが選ばれていた場合は、［初期設定をリセット］を選びます。

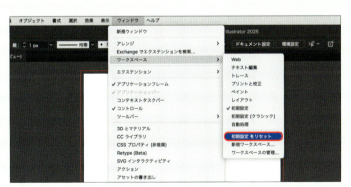

図7 ワークスペースのリセット

本書では、初期設定のワークスペースで操作解説をおこなっているので、皆さんの操作画面と本書の解説の画像とが異なる場合は、ワークスペースのリセットを試してみましょう。

今後のChapterでは、「［レイヤー］メニューで…」、「［レイヤー］パネルで…」といった説明が多く出てくるので、ここではまず、場所の名称を覚えてもらえればOKです。次に、IllustratorとPhotoshopに共通する基本操作について見ていきましょう。

Chapter 1　授業

共通の基本操作

アプリを操作するときに必要な、ツールやパネルの基本操作やカスタマイズ方法を紹介します。
操作に慣れてきたら、自分が使いやすい作業画面づくりにもトライしてみてくださいね。

ツールパネルの操作

● ツールを切り替える

ツールのアイコンをクリックすると、クリックしたアイコンのツールが選択され、そのツールに関する操作ができるようになります。

● サブツールを展開して切り替える

アイコンに小さな三角マークがついている場合、関連する複数のツールが隠れています。これを「サブツール」と言います。たとえば、図1 では、上の［選択］ツールはひとつだけですが、下の［ダイレクト選択］ツールにはサブツールが隠れています。

隠れたサブツールを選択する方法

ツールアイコンを左クリックで長押しし、サブツールのリストを表示します。そのままドラッグ操作し、使いたいツールの上で手を離します。たとえば 図2 では、［ダイレクト選択］ツールを選んでいた状態から、サブツールの［なげなわ］ツールを選ぼうとしている状態です。

図1 サブツールのアイコン（赤枠部分）

図2 サブツールの切り替え

● ショートカットで瞬時にツールを切り替える

ショートカットを覚えると、ツールの切り替えが格段にスムーズになります。これらのショートカットは、半角英数モードの時に有効です。IllustratorとPhotoshopで共通するツールのショートカットを一部紹介します。

共通するツールのショートカットの一例

ショットカットキー	ツール名
V	［選択］ツール（Illustrator）／［移動］ツール（Photoshop）
T	［テキスト］ツール
P	［ペン］ツール
B	［ブラシ］ツール
I	［スポイト］ツール
H	［手のひら］ツール

MINI COLUMN Illustratorだけに使える「ツールのダブルクリック」

Illustratorでのみ使用できる使い方として、「一部のツールのダブルクリック」があります。たとえば［回転］ツールでツールのアイコンをダブルクリックすると、回転に関するダイアログが表示され、数値で回転をコントロールできます。すべてのツールがダブルクリック可能なわけではありませんが、操作できることを覚えておくとよいでしょう。

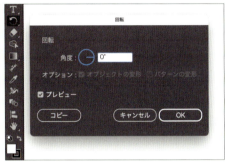

図3 ダブルクリックによる［回転］ツールの数値指定

● ツールパネルを1列／2列にする

ツールパネルの左上にある ›› をクリックすると、ツールパネルの表示が1列から2列（もしくはその逆）になります。

● ツールパネルを切り離す

ツールパネルの上部のなにもない所をクリック＆ドラッグするとツールパネル自体を移動できるので、右側のほかのパネル類と並べることもできます。

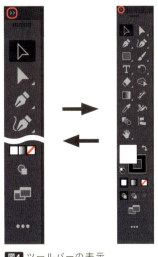

図4 ツールバーの表示

● ツールの表示をカスタマイズする

あまり使わないツールは非表示にしたり、よく使うツールを常にツールパネルに表示したりしておくことができます。

ツールの表示のカスタマイズ（Illustratorの場合）

① ツールパネルの一番下の ▦ をクリックする
② ［すべてのツール］を表示し、必要なアイコンをツールパネル上へドラッグして追加する
③ ツールパネルから［すべてのツール］へツールをドラッグすると、ドラッグしたツールのアイコンをツールパネル上で非表示にできる

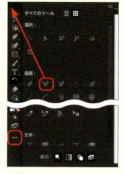

図5 Illustratorの［すべてのツール］

ツールの表示のカスタマイズ（Photoshopの場合）

① ［編集］メニュー→［ツールバー］を選ぶ
② ［ツールバーをカスタマイズ］ウィンドウの左側［ツールバー］の中から任意のツールを右の［予備ツール］へドラッグするとツールパネル上で非表示にできる

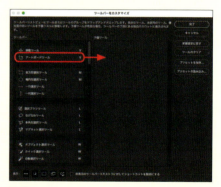

図6 Photoshopの［ツールバーをカスタマイズ］

● ツールパネルをリセットする

ツールの表示を誤って操作してしまった場合は、ツールパネルの並び順をリセットしましょう。

ツールパネルのリセット（Illustratorの場合）

① ツールパネルの［…］アイコンをクリックする
② ［すべてのツール］の右上にある ≡ アイコンをクリックして［リセット］を選ぶ

図7 Illustratorの［リセット］

ツールパネルのリセット（Photoshopの場合）

① ［編集］メニュー→［ツールバー］を選ぶ
② ［ツールバーをカスタマイズ］の［初期設定に戻す］を選ぶ

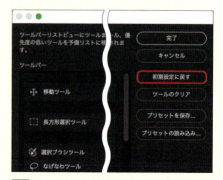

図8 Photoshopの［初期設定に戻す］

パネルの操作

● パネルの表示と非表示

不要なパネルを閉じたり、必要なパネルを表示したりできます。柔軟に切り離したり、グループ化したりできるので、使いやすいワークスペースを意識してパネルを操作してみましょう。

パネルを表示する

[ウィンドウ] メニューから、表示させたいパネルの名前を選びます。
（すでにワークスペース上に表示されているパネルは名前の先頭にチェックマークが付きます）

パネルの詳細を表示する

Illustratorの一部のパネルは、タブルクリックや右上の［パネルメニュー］の［詳細］や［オプションを表示］などから、より細かい内容を表示することができます。

図9 ［パネルメニュー］→［オプションを表示］

パネルを非表示にする

パネルの左上（Windowsは右上）の［×］マークをクリックします。

パネルをグループ化する

パネルの名前部分をクリック＆ドラッグして別のパネルの上で手を離します。

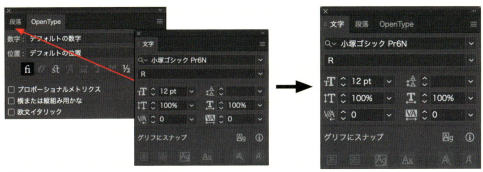

図10 ドラッグしてパネルをグループ化する

パネルをグループから切り離す

グループ化されているパネルの名前部分をクリック＆ドラッグして手を離します。

パネルを縮小する

グループ化されていないパネル名をダブルクリックします。

アイコン表示にする

パネルの右上にある >> をクリックするか左右をドラッグ操作することでパネルの形状を変更できます。

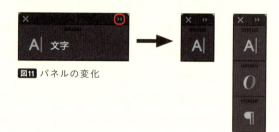

図11 パネルの変化

画面の移動と表示の拡大・縮小

● 画面の移動

[space]を押しながらドラッグすると、画面を上下左右に移動できます。［手のひら］ツール に切り替えてドラッグを実行しても同じ結果が得られます。

> [space]（スペース）は、キーボード中央下部にある何も書かれていない長いキーのことです。

● 表示の拡大・縮小

表示倍率を変更して、デザインの細部を確認したり全体を把握したりすることができます。

［ズーム］ツールによる操作

［ズーム］ツール を選択して画面をクリック、もしくは対象エリアをドラッグすると、画面を拡大できます。ショートカットによる操作が一般的ですが、Photoshopの場合は、オプションバーのマイナスアイコン［-］を選択してから画面をクリックもしくはドラッグで縮小できます。

図12 ［ズーム］ツール選択時のオプションバー（Photoshop）

図13 画面拡大時のカーソル　　図14 画面縮小時のカーソル

ショートカットキーによる操作

素早く拡大・縮小をおこなうのであればショートカットキーによる操作がおすすめです。

画面の拡大・縮小のショートカット

ショットカットキー	説明
⌘（Ctrl）＋ + ＋クリック または space ＋⌘（Ctrl）＋クリック	画面の拡大
⌘（Ctrl）＋ - ＋クリック または space ＋⌘（Ctrl）＋ shift ＋クリック	画面の縮小
⌘（Ctrl）＋ 0	アートボードやカンバスの全体を表示
⌘（Ctrl）＋ 1	アートボードやカンバスの倍率を100％で表示

特定の倍率に変更

画面左下に表示倍率を入力して変更することも可能です。

図15 Illustratorの画面

図16 Photoshopの画面

操作の取り消し・やり直し

操作の取り消しや、やり直し（取り消し操作を取り消すこと）は［編集］メニューから実行できます。通常はショートカットを使用します。非常によく使うショートカットなので覚えておきましょう。

● 取り消し（直前の操作の取り消し）

間違えた操作をすぐに取り消せます。連続してショートカットを入力すると、入力した手数分だけ操作を取り消すことができます。

● やり直し（直前の操作のやり直し）

取り消した操作を再度適用できます。

操作の取り消し・やり直しのショートカット

ショットカットキー	説明
⌘ (Ctrl) + Z	取り消し
⌘ (Ctrl) + shift + Z	やり直し

● [ヒストリー] パネルを使った操作の取り消し（中期の取り消し）

[ヒストリー] パネルを使うと、直前の作業の履歴を確認できるので、戻る場所を明確に指定できます。一度ファイルを保存して再度開くと、ヒストリーは破棄されます。

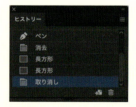

図17 [ヒストリー] パネルで作業内容を確認しながら戻れる

● クラウドドキュメントによる作業履歴の遡り（長期の取り消し）

保存しているファイルがクラウドドキュメント※の場合、[バージョン履歴] パネルが使用できます。この機能を使うと、一定期間過去のバージョンを自動で保持、あるいはユーザーのタイミングで指定して保存でき、必要に応じて巻き戻すことが可能です。ちょっとした直前の作業の取り消しには向きませんが、たとえば一度修正して提出したデザインの前のバージョンを再度表示したい、といった場合に便利です。

※クラウドドキュメントについてはP.52で紹介します。

図18 [バージョン履歴] で過去のバージョンに戻れる

コピー&ペースト

● 要素の複製

選択した要素をコピー&ペーストで複製します。要素やアプリによって複製方法は異なりますが、まずは基本のショートカットから覚えましょう。

コピー&ペーストのショートカット

ショットカットキー	説明
⌘（Ctrl）+ C	コピー
⌘（Ctrl）+ V	ペースト

ひとことで複製と言ってもアプリやシチュエーションによってさまざまなので、細かい部分は段階的に解説していきます。まずは基本のコピー&ペーストができるか、確認しておきましょう。

「環境設定」で使用感をカスタマイズする

「環境設定」の各項目を整えると、自分の好みや用途に合った作業環境をセッティングできます。操作に慣れてきたらカスタマイズしてみましょう。

はじめに、IllustratorとPhotoshopに共通する項目の中から特に確認しておきたい項目を紹介します。「環境設定」へのアクセス場所はmacOSとWindowsで異なるため、場所についてはP.32で説明します。

● 一般

Illustratorの場合は、［キー入力］で数値を指定しておくと、方向キーで移動の操作をしたときその数値分の移動が可能になります。単位と合わせて設定しておくのがおすすめです。

Photoshopの［一般］にはキー入力の項目はなく、オブジェクトやレイヤー、新規ドキュメントに関するチェック項目があります。

● インターフェイス

「カラーテーマ」を選ぶことができます。初期設定では黒を基調とした画面ですが、明るいグレーのワークスペースに変更ができます。Illustratorでは、文字やアイコンの大きさを大きくすることもできます。

● 単位（単位・定規）

Webデザインであればpixel、印刷物であればmmなど、標準となる単位が明確な場合は、作業の前に［単位］項目で設定を変更します。本書のLessonの中では、Illustratorの線の設定をする場面で、本書の解説と手元のパネルの単位の表記が異なるときに変更を行ってください。

Chapter 1　授業

ファイルの新規作成と保存

初心者の方にとって「ファイルの新規作成」と「ファイルの保存」の基本操作を理解することが、作業をスムーズに進める第一歩です。この2つの操作方法を詳しく解説します。

ファイルの新規作成

イラストやデザインなど、新しいプロジェクトをはじめるときには、まず「新規作成」を行います。この操作により、デザインするためのアートボードやカンバス（作業エリア）を設定できます。

① アプリを起動し、ホーム画面またはメニューバーから［ファイル］メニュー→［新規］を選択する
② 新規作成の画面が表示され、以下の項目を設定できる

図1 Illustratorの［新規ドキュメント］

新規作成のショートカット

ショットカットキー	説明
⌘（Ctrl）+ N	新規作成

IllustratorとPhotoshopに共通する新規作成時の設定項目

設定項目	説明
ドキュメント名	ファイルの名前を任意に入力する
サイズ	幅と高さを入力して、アートボードやカンバスの大きさを設定する 単位はピクセル、ミリメートル、インチなどから選択可能
解像度	一般的に印刷用の場合は300dpi以上、Web用の場合は72dpi以上が推奨されている
カラーモード	・RGB：Webなどのスクリーンメディア向け ・CMYK：印刷用途
背景の設定	・Photoshopでは、白・透明・カラーの背景を選べる ・Illustratorでは背景は透明が基本（アートボード上では白で表示される）

このほかに、Illustratorでは「裁ち落とし」やアートボードの枚数が指定できます。

ファイルの保存

作業中や作業後にデータを保存することは非常に重要です。保存方法を理解しておくことで、データの損失を防ぎ、必要な形式でデータを出力できます。

保存の基本操作

① メニューバーから［ファイル］メニュー→［保存］を選択
② 保存先（ローカルまたはクラウド）を選ぶ
③ ファイル名と形式を指定して保存を完了する

保存のショートカット

ショットカットキー	説明
⌘（Ctrl）+ S	保存

保存形式の選択

IllustratorとPhotoshopでは、それぞれに適した保存形式（拡張子）を選ぶ必要があります。ここでは主なものを紹介します。

まず、IllustratorであればAI形式、PhotoshopであればPSD形式を基本にしましょう。

これらの形式は、それぞれのアプリのネイティブファイルの形式（固有の形式）で、編集に使用するレイヤーなどのデータを保持できるので、一度閉じたデータの再編集が可能です。

これに対して、Web向けや書類として利用するなどの、Adobeのアプリを持っていない人に向けたデータの場合は、その用途に応じてPDF形式やJPG形式、PNG形式などに変換が必要です。

Illustratorの主な保存形式

形式	説明
AI形式（デフォルト）	Illustrator専用の形式で、編集可能な状態を保持する
PDF形式	印刷や共有に最適でベクターデータをそのまま保持可能な形式
SVG形式	ベクターデータが保存されており、Web用のロゴやアイコンに適している形式
PNG／JPEG形式	ラスター画像として出力する場合に使用する形式

Photoshopの主な保存形式

形式	説明
PSD形式（デフォルト）	Photoshop専用の形式で、レイヤーや編集情報を保持する
JPEG形式	Webや共有用に適した軽量な画像形式
PNG形式	背景が透明な画像を保存したい場合に便利な形式
TIFF形式	高品質の画像を保存したいときに使用する形式（印刷用途）

macOS版とWindows版の違い

macOS版にはメニューバーの左に［Illustrator（Photoshop）］のメニューがあり、ここからアプリの終了と「環境設定」を選べます 図2 。Windows版にはこのメニューがないため、それぞれ別の場所からアクセスします。

図2 macOS版の［Illustrator］メニュー

● アプリの終了

macOS版：

［Illustrator（Photoshop）］メニュー→［Illustrator（Photoshop）を終了］を選択してアプリを終了する

Windows版：

右上の［×］アイコンをクリックしてアプリを終了する 図3

図3 Windows版：アイコンクリックでアプリを終了

●「環境設定」へのアクセス

macOS版：

［Illustrator（Photoshop）］メニュー→［設定］を選択

Windows版：

［編集］メニュー→［環境設定］を選択 図4

図4 Windows版：［環境設定］

MINI COLUMN

プリインストールされているフォントの違い

macOSとWindowsとではコンピューターを購入した際、はじめからインストールされているフォントが異なります。たとえばWindowsの「メイリオ」やmacOSの「ヒラギノ明朝」がその代表的な例です 図5 。

こうしたフォントの違いは作品づくりにも影響を与えますが、この本ではmacOSとWindows共通で使うことのできるフォントサービス「Adobe Fonts」を利用します。

```
Windows   メイリオ
macOS   ヒラギノ明朝
```

図5 メイリオとヒラギノ明朝

Chapter

2

オブジェクトの
基本操作を覚えよう

まずはIllustratorの基本的な操作から見ていきましょう。
野球やゴルフの素振りのように、
動作や型を覚えて何度も実践することが大切です。
まずは準備運動としてゼロからデータを作るのではなく、
練習データを操作して、基本の動作を覚えましょう。

Chapter 2　授業

「オブジェクト」と「選択」って何？

さて、いよいよIllustratorを操作していきましょう。その前に、デジタルデザインでよく使われる「オブジェクト」と「選択」という単語を説明します。このふたつはIllustratorはもちろん、Photoshopやほかのデザインや3D、イラスト制作のアプリにもよく登場する言葉です（Adobe以外の製品にも！）。

「オブジェクト」とはモノのこと

オブジェクト（object）とは直訳すると"物体"のことです。IllustratorやPhotoshopでは、デザインやイラストで必要な形・物体すべてを「オブジェクト」と呼びます。Illustratorで絵を描いたりレイアウトをしたりするという作業は、オブジェクトを作成、あるいは削除したり、移動や編集をしたりして、整えていく作業なのです。

図1 「オブジェクト」の一例

図1 を見てみましょう。文字や表、イラストや写真が並んでいますね。これらは別々の性質や見た目を持っていますが、デジタルデザインをする上では、すべて「オブジェクト」として扱われます。「オブジェクト」に対しては、次の操作ができます。

- 移動
- 拡大・縮小
- 回転
- 上下左右の反転

このChapterでは、この基本操作を順番に試していきます。

イラストはオブジェクトのかたまり

Illustratorで描くイラストは、次のページの 図2 のように、単色やグラデーションなどの色を設定したオブジェクト同士を組み合わせて描くことが多いです。そこで重要なのが、「選択」の操作です。

図2 たくさんのオブジェクトがひとつのイラストを作る

「選択する」＝作業対象を指定する

　本書には「選択」という言葉がたくさん出てきます。それでは「選択」とは何でしょうか？ もちろん日本語としては"選ぶこと"だと理解はできると思うのですが、コンピュータ用語としてはイマイチ想像が難しい言葉です。

　それでは、絵を描いたり粘土をこねたりするような、図工の場面を考えてみましょう。私たちは「絵のはみ出してしまった部分を消そう」、「ここまで粘土を伸ばして広げてみよう」といった判断をしていますよね。この「はみだしてしまった部分」や「ここまで」といった、対象となる場所やモノについてコンピュータに伝える作業、それが「選択」です。

　図3 の花の絵を移動するときは、①②③の指示が必要です。このうち、①花の絵を指定するのが「選択」の操作です。「選択」はオブジェクトを厳密に指定しないと動作しないので、図2 で紹介した、複数のオブジェクトで構成されているイラストについては、葉や枝などの一部を選択するのか、全部を選択するのかも重要です。

　Illustratorの場合は、［選択］ツールや［ダイレクト選択］ツールが「選択」のためのツールです。［選択］ツールはクリックして選択したオブジェクト全体を選ぶツール、［ダイレクト選択］ツールは、オブジェクトの一部分だけを選ぶツールです 図4 図5 。

図3 オブジェクトを移動するときの「選択」

図4 ［選択］ツール

図5 ［ダイレクト選択］ツール

このChapterでは、練習データを使用して、［選択］ツールによるオブジェクトの選択と簡単な編集方法について操作を学んでいきます。オブジェクトの作り方は次のChapter 3以降で紹介していくので、楽しみにしていてください。まずは基本の動作からやってみましょう！

Chapter 2 実習

Lesson 01 「選択」と「移動」をしよう

練習データを使って、指示通りに選択と移動をおこなってみましょう。正確にレイアウトしたい場合や自由に配置したいイラスト作成など、目的に応じて使い分けられるといいですね。

このレッスンでやること
- 画面内を移動する
- [選択]ツールで選択して移動する
- 方向キー（矢印キー）で移動する
- 数値を入力して移動する

STEP 0 完成を確認する

アイスとコーンのセットが5セット描いてあります。指示にしたがってアイスをコーンに配置していきましょう。作業に入る前に、練習データをダウンロードします。ダウンロードの手順は、P.12を参照してください。

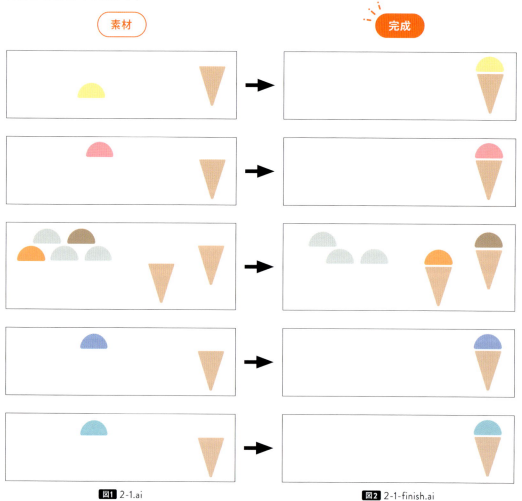

図1 2-1.ai　　図2 2-1-finish.ai

データを開いて画面を拡大&移動する

［ファイル］メニュー→［開く］で練習データ「2-1.ai」を開きます。

ツールパネルの［ズーム］ツール を選んで画面をクリックして拡大します❶。

space を押しながらドラッグ操作をおこなうと、画面内を移動できます。

> **memo**
> マウスにホイールがある場合は、ホイールの操作でも上下の移動が可能です。

 ［選択］ツールで選択&移動する

ツールパネルの［選択］ツール をクリックします❷。一番上の黄色のアイスのオブジェクトをクリック＆ドラッグして、コーンの上で手を離します❸。

> **memo**
> 選択が可能な状態のときには、カーソルの右下に黒い四角形状のアイコン が表示されます。

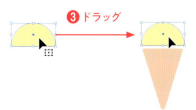

❸ ドラッグ

 ［選択］ツールで選択&水平に移動する

space を押しながら画面を上方向にドラッグして、アートボードの2枚目のピンクのアイスへ移動します。

ピンクのアイスを［選択］ツールでクリック＆ドラッグし右のコーンの上にのせます❹。このとき、shift を押しながら横にドラッグすると横方向の位置を固定したままの移動ができます。

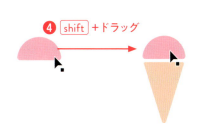

❹ shift ＋ドラッグ

> **memo**
> shift を押しながらアイスを縦方向にドラッグすると垂直方向、shift を押しながら斜め方向にドラッグすると特定の角度（45°、90°、135°、180°など）に限った移動ができます。

STEP 4 ［選択］ツールで複数のオブジェクトを選択する

アートボードの3枚目に移動します。
shift を押しながらオレンジ色と茶色のアイスをクリックして選択した後❺、ドラッグ操作で移動してコーンにのせましょう❻。
shift を押しながら、選択したいオブジェクトをクリックすると、任意のオブジェクトを複数選択できます。

> **memo**
> 隣り合う要素を選択する場合は、［選択］ツールで対象となるオブジェクトを囲むようにドラッグするとドラッグした範囲が選択されます。

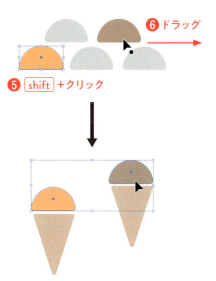

STEP 5 ［選択］ツールと方向キーで移動する

アートボードの4枚目に移動します。
紫のアイスをクリックして選択してから、キーボードの方向キー（矢印キー）の右（→）を押して、コーンの上に移動しましょう❼。このとき、shift ＋方向キーを押すと、キー入力の値×10倍の間隔で移動できます。また、shift ＋ → を押しっぱなしにすると右へ連続して移動します。

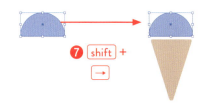

MINI COLUMN キー入力の数値の設定

　移動の数値は［Illustrator］メニュー→［設定］（Windowsでは、［編集］メニュー→［環境設定］）→［一般］→［キー入力］で確認と変更ができます。

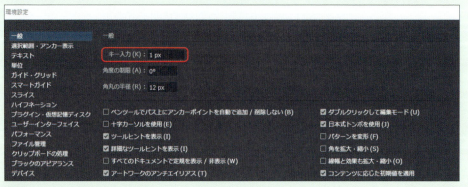

図3 キー入力の数値の設定画面

[選択] ツールと数値入力で移動する

アートボードの5枚目に移動します。

水色のアイスをクリックして選択します。右クリックして、[変形]→[移動]を選択します❽。[移動]ダイアログが表示されたら[水平方向]に「380px」と入力します❾。

> **memo**
>
> 数値入力による移動は[変形]パネルや[プロパティ]パネルの[変形]の欄へ数値を入力しても可能です。また、マイナス記号（半角）と数字を入力すると、左方向へ移動できます。

「移動」の使い分け

ここまで紹介した「移動」の作業を実践に取り入れる場合、やりたいことによって操作の方法を変えるようにしましょう。

- 素早く動かしたいとき：[選択] ツール＋ドラッグ操作
- 垂直／水平に素早く動かしたいとき：[選択] ツール＋ shift ＋ドラッグ操作
- 細かく規則的に動かしたいとき：[選択] ツール＋方向キー
- 移動距離が決まっているとき：[移動] ダイアログに数値を入力

数値を指定して移動距離を設定する機会は多くあります。STEP6で紹介している[移動]ダイアログは[選択]ツールのダブルクリックでも表示が可能なので、素早く作業したいときに試してみてください。

| Chapter 2　実習 |　　　　　　　　　　　　　　　　　　| 練習用データ >> 2-02 |

Lesson 02　拡大・縮小と回転をしよう

作成したオブジェクトの大きさを変更したり、角度を変更したりするには、バウンディングボックスを使うのが便利です。バウンディングボックスの基本的な操作ができるようになりましょう。

このレッスンでやること
- 拡大・縮小をする
- 回転をおこなう

STEP 0　完成を確認する

トマトを小さくしてから移動し、少し斜めに傾けましょう。

図1　2-2.ai

図2　2-2-finish.ai

STEP 1　バウンディングボックスを操作してオブジェクトのサイズを変える

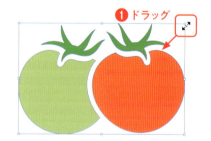

［ファイル］メニュー→［開く］で練習データ「2-2.ai」を開きます。
［選択］ツール でトマトをクリックして選択し、小さくします❶。オブジェクトが選択された状態になると、オブジェクトの周りに四角形状のボックスが表示されます。このボックスを「**バウンディングボックス**」と言います。
バウンディングボックスの白い四角形のアイコンの上で、カーソルが のときにドラッグ操作すると、オブジェクトの大きさを自由に変更できます。

STEP 2 バウンディングボックスを操作してオブジェクトの角度を変える

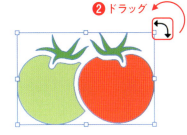

バウンディングボックスの白い四角形のアイコンの外側でカーソルが のときにドラッグ操作すると、オブジェクトの角度を自由に変更できます。小さくしたトマトを、角度をつけて配置してみましょう❷。

> **memo**
> [shift]を押しながらドラッグすると特定の角度（45°、90°、135°、180°など）に限った変更ができます。

MINI COLUMN トマトのオブジェクトはどうなっている？

見本のトマトのオブジェクトはヘタと実の4つのオブジェクトでできていますが、選択するには一度のクリックでOKです。これは「グループ」という機能を使っているためです。グループについてはChapter 6で紹介しています。

MINI COLUMN バウンディングボックスが表示されないときは

バウンディングボックスが表示されない場合は、［表示］メニュー→［バウンディングボックスを表示］を選択します。この項目は、バウンディングボックスが表示されているときには［バウンディングボックスを隠す］になっています。

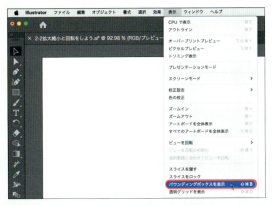

図3 ［表示］メニューからバウンディングボックスを表示する

| Chapter 2　実習 |　練習用データ >> 2-03 |

Lesson 03　イラストを反転しよう

世の中に上下や左右が対称になっているモノはたくさんあります。そういったデザインを制作する際、デジタルイラストやデザインの世界では、どちらか片方だけを描いてからオブジェクトを反転させるという方法がよく用いられています。

このレッスンでやること
- ［変形］から左右を反転する
- 反転と同時にコピーする

STEP 0　完成を確認する

「反転」を意味する［リフレクト］を使って、リボンを完成させましょう。いろいろな場面で活躍するので、早めにできるようになっておきたい機能です。

図1　2-3.ai　　　　　図2　2-3-finish.ai

STEP 1　右クリック→［変形］→［リフレクト］を選ぶ

練習データ「2-3.ai」を開きます。水色のリボンの左側だけのデータが入っています。

リボンの左半分を選択して右クリックし、［変形］→［リフレクト］を選択します❶。

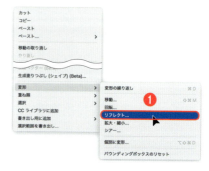

[コピー] ボタンをクリックする

[リフレクト] ダイアログボックスが表示されます。[垂直] を選び❷、[コピー] ボタンを押します❸。反転されたオブジェクトがコピーされます。

 オブジェクトを移動する

コピーされたオブジェクトを選択して、shiftを押しながら右側へドラッグしてリボンを完成させます❹。

MINI COLUMN　いろいろな反転方法

反転（リフレクト）には、ほかにもさまざまな方法があります。結果は同じですが、①〜⑤のどれで実行するかは好みやシチュエーション次第です。

① 右クリックから [変形] → [リフレクト]
② [リフレクト] ツール
③ [プロパティ] パネルの [変形] の [水平方向（垂直方向）に反転] アイコンによる操作
④ 右クリックから [変形] → [個別に変形]
⑤ バウンディングボックスによる操作

 わたしがよく使用するのは、①②です。初心者におすすめなのは①と③ですね。④はやや高度ですが、オプションの項目が多く正確な操作に便利です。
ひとつの動作にこれだけの機能が割り当てられているということから、「反転」がとても利用頻度の高い操作だということがわかりますね。

章末問題 クリスマスツリーの飾り付けをしよう

素材データを開くと、クリスマスツリーとオーナメントが別々に表示されます。クリスマスツリーへオーナメントを飾り付けてください。

制作条件

演習データフォルダ >> 02-drill

- 用意されたデータ（02-drillMaterial.ai）を使用する
- オーナメントをツリーへ移動して自由に飾り付ける
- 大きさや角度を自由に変える

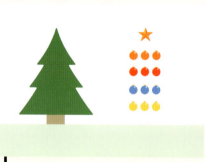

素材データ >> 02-drillMaterial.ai

作例データ >> 02-drilSample.ai

アドバイス

データを開く、保存して閉じる、拡大・縮小・移動など、Illustratorの基本操作をおさらいしましょう。操作がやりにくいときは、［ズーム］ツールで画面を拡大したり、［手のひら］ツールで移動することを忘れずに 図1 。大きさや角度を変えて、素敵な飾り付けを完成させましょう。

図1 ［ズーム］ツールと［手のひら］ツール

Chapter

3

図形の組み合わせで
イラストを描こう

基本的な形の作り方を通して、
ツールの選択や色の設定に慣れていきましょう。
円や四角形など、基本的な図形を組み合わせて
フルーツのミニイラスト制作にチャレンジします。

Chapter 3　授業

図形を組み合わせて絵を作ろう

Chapter3ではIllustratorでイラストを描きます。イラスト制作を通して、図形の作成・編集の操作を習得しましょう。

Illustratorで絵を描く

「絵を描く」というと、センスや才能が必要で、自分にはムリと感じる方もいるかもしれませんね。

たとえば 図1 を見てみましょう。この絵はどちらもIllustratorで描かれています。左の絵の可愛らしさを自分で表現するのは難しそうですが、右の絵なら、同じ操作ができそうな気がしませんか？　Illustratorは普通のペンのように絵を描くこともできますが、オブジェクト同士を組み合わせて絵を作ることができるので、これを活用すると簡単に素敵なイラストを「作る」ことができるのです。

図1　手書き風の絵と図形を組み合わせた絵

このChapterでは、基本の形のオブジェクトを作りながら、誰にでもできるIllustratorの基本操作に触れていきます。

形をシンプルにとらえる

このChapterでは、基本の図形を描いて組み合わせることで、りんごとさくらんぼ、ブルーベリーのミニイラストを作っていきます。モノを精密に描こうと思うと複雑な操作が必要になりますが、形を円や四角形などシンプルにとらえ直すことで、基本的な図形だけでイラストやアイコンが作れるようになります 図2 。

46

図2 構成をシンプルに再構築しよう

> Illustratorの操作そのものに慣れてきたら、次は自分で絵を描くために、「モノを単純な形に変換する」という訓練ができるといいですね。「章末演習問題」にもぜひ取り組んでみてください。

Illustratorの基本ツールとツールの「切り替え」

さて、いよいよオブジェクトの作成をおこなっていきます。そのための基本のツールを紹介します 図3 。

- ［長方形］ツール
- ［楕円形］ツール
- ［多角形］ツール
- ［スター］ツール
- ［直線］ツール

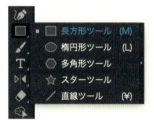

図3 オブジェクトを作成する5つの基本ツール

ここで紹介している5つのツールは、初期設定の場合、ツールパネルの上から5番目あたりで、ひとつにまとまっている場合が多いです。

まとまっているツールを切り替えるにはまず、アイコンの右下にある小さい三角形のマークを探しましょう。このマークがあるアイコンを長押しすると、まとめられたサブツールがリスト表示され、ほかのツールが選べるようになります 図4 。

図4 サブツールの切り替え

リストの上で手を離すと、選んだツールがツールパネル上に表示され「ツールを選択している状態」になります 図5 。いろいろなツールに切り替えたり［選択］ツールに持ち替えたりして、形を描いていきましょう。

図5 サブツールを選択した状態

色を付けるには、まず「選択」!

Illustratorのオブジェクトには、「塗り」と「線」という要素があります。これらを操作するための項目は、ツールパネル 図6 や［カラー］パネル、［プロパティ］パネルやコントロール上に表示されています。ひとつのオブジェクトに対して、原則としてそれぞれ「塗り」と「線」が適用されます。

図6 ツールパネルの［塗り］ボックスと［線］ボックス

図7 「塗り」と「線」の設定

「塗り」と「線」に適用できる色の種類は「なし」、単色、グラデーション、パターンの4種類です 図7 。

あるオブジェクトを［選択］ツールでクリックして選択すると、オブジェクトによって表示が変わりますが、いくつかのオブジェクトをまとめて選択すると、ツールパネルの［塗り］ボックスや［線］ボックスには「?」が表示され、特定の色は表示されません 図8 。

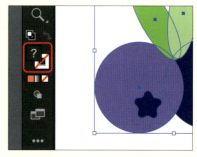

図8 複数のオブジェクトを選択した状態

つまり、［塗り］ボックスや［線］ボックスを操作する場合は、まず、変えたいオブジェクトをきちんと選択しなくてはいけないということです。操作に慣れてきたら、「塗りと線の入れ替え」など、「塗り」と「線」に関するショートカットを覚えておくと便利です。

「塗り」と「線」の設定に関するショートカット

ショートカットキー	説明
shift + X	「塗り」と「線」を入れ替える
D	「塗り」と「線」を白黒に戻す
/	「塗り」または「線」を「なし」にする

それでは、イラストを描いていきましょう!

48

| 練習用データ >> 3-01 |

Chapter 3　実習

Lesson 01　形を描こう

[長方形]ツール、[楕円形]ツール、[多角形]ツール、[スター]ツールを使って形を描く方法と、編集方法を学んでいきましょう。

このレッスンでやること
- 長方形を描く
- 多角形を描く
- 円を描く
- 星を描く

STEP 0　完成を確認する

まずは、4つの図形を描きます。このChapterでは、ぜひ自分でゼロから作ってみてください。

図1　3-1-finish.ai

STEP 1　新規ドキュメントを作成する

Illustratorを立ち上げて新規ドキュメントを作成します。[ファイル]メニュー→[新規]を選んで❶、上の項目の中から[アートとイラスト]をクリックします❷。
[空のドキュメントプリセット]の中にある[ポストカード]をクリックして選んでから❸、右下の[作成]ボタンをクリックすると❹、ポストカードサイズのアートボードが作成されます。

見やすいように画面を拡大・縮小、移動しながら操作を進めてください。

STEP 2 長方形を描く

ツールパネルから［長方形］ツール■をクリックして選んで❺、アートボードの中でドラッグします❻。ドラッグが完了すると長方形のオブジェクトが作成されます。縦長の長方形を作ります。

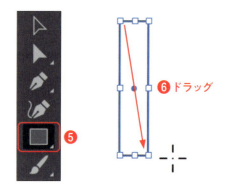

STEP 3 ［楕円形］ツールに切り替える

［長方形］ツールを長押しすると、隠れているサブツールが表示されます。カーソルを［楕円形］ツール●に移動して選択し、［楕円形］ツールに切り替えます❼。

STEP 4 ［楕円形］ツールでクリック&ドラッグする

アートボードの中で、shiftを押しながらドラッグし、正円を描きます❽。ドラッグし終えてからshiftから指を離しましょう。

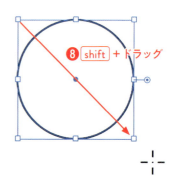

> **memo**
> shiftを押しながらドラッグすると正円になります。［長方形］ツールの場合は正方形を描けます。

> **memo**
> 失敗した場合は⌘（Ctrl）+Zのショートカットを使って取り消すか、描いたオブジェクトをdeleteで削除してやり直しましょう。

STEP 5 ［多角形］ツールでアートボードをクリックする

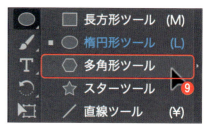

［楕円形］ツールを長押しして、［多角形］ツール 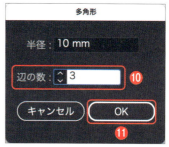 を選択します❾。

アートボード上でクリックすると［多角形］ダイアログが表示されます。

［辺の数］に「3」と入力し❿、［OK］ボタンを押すと正三角形を描けます⓫。

［半径］は後ほど大きさを整えるので、ここでは任意の数字で構いません。

> **memo**
>
> ［多角形］ツールの場合、長方形や楕円を作るときと異なり、最初がドラッグではないことに気をつけてください。ドラッグでも多角形を作れますが、辺の数が思っていたものと異なることがあります。バウンディングボックスの右上にあるダイヤ状のアイコンをドラッグすることで辺の数を修正する方法もありますが、少々手間がかかるので、まずはクリックする、と覚えておくとよいでしょう。
> ［多角形］ツールをドラッグしている状態のまま方向キーの上下を押すと、辺の数を増減できます。慣れてきたら試してみてください。

STEP 6 ［スター］ツールで星を描く

［多角形］ツールを長押しして、［スター］ツール 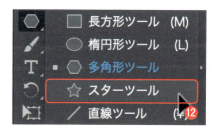 を選択します⓬。

アートボード上でドラッグすると星型が表示されます⓭。

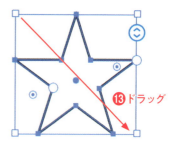

STEP 7 ファイルを保存する

4つの形が描けたら、［ファイル］メニュー→［保存］をクリックし⓮、ファイル名を指定してファイルを保存します⓯。ファイル名はわかりやすいものであればOKです。［Illustratorオプション］のウィンドウはそのまま［OK］ボタンを押します⓰。

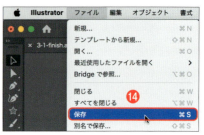

> **memo**
> クラウドドキュメントへの保存を促されるウィンドウが表示される場合、まずは［コンピュータ］を選んで、デスクトップなどのわかりやすい場所に保存しておくのがおすすめです。

MINI COLUMN 「クラウドドキュメント」を使った保存

　ファイルを保存するときに［クラウドドキュメント］を選ぶと、Adobe IDに紐づく形で、データがクラウド上に保存されます。これにより、コンピュータ上でデータを保存せず、同一のAdobe IDでログインしている異なるデバイスで同じデータを開くことができたり、データを共有してコメントを入れたり、P.28で紹介している［バージョン履歴］などを利用できます。

　クラウドドキュメントとして保存したデータは、IllustratorやPhotoshopのホーム画面の［ファイル］→［自分のファイル］からアクセスできるほか、Creative Cloudのアプリの［ファイル］からも確認できます 図2 。

図2 Creative Cloudのアプリ

| 練習用データ >> 3-02 |

Chapter 3　実習

Lesson 02　オブジェクトを変形・複製しよう

角のあるオブジェクトはその角を丸めることができます。角を丸くすることでアイコンやイラストに柔らかさや統一感が生まれます。ほかにも必要なオブジェクトを揃えていきましょう。

このレッスンでやること
- □ 角を丸くする
- □ 形を変形する
- □ コピー&ペーストする

STEP 0　完成を確認する

前回の続きです。Lesson01で作成したファイルを開いてください。角を丸めて複製しましょう。丸くすると可愛らしさが出ます。

図1 3-2.ai　　　図2 3-2-finish.ai

STEP 1　四角形の角を丸くする

はじめに［ズーム］ツール 🔍 を選び❶、長方形のあたりでクリックして画面を拡大しておきます。
［選択］ツール ▶ を選択し❷、長方形のオブジェクトをクリックして選択します。オブジェクトの内側に二重丸のアイコンが表示されます。
このアイコンを内側にドラッグすると、選択したオブジェクトの角がすべて丸くなります❸。

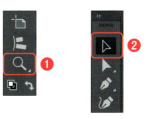

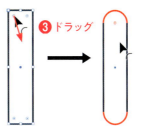

memo
このアイコンを「ライブコーナーウィジェット」と言います。

> **MINI COLUMN**
>
> **ライブコーナーが表示されないときは**
>
> ライブコーナーウィジェット（二重丸のアイコン）が表示されない場合は、次の2つの操作を試します。
>
> ・オブジェクトの表示が小さい場合は、画面を拡大してから［選択］ツールでオブジェクトをクリックする。
> ・複雑なオブジェクトの場合は、［ダイレクト選択］ツールでオブジェクトをクリックする。

STEP 2　角丸四角形を複製して並べる

［選択］ツールで角の丸い四角形を選択し、⌘（Ctrl）+Cを押してから⌘（Ctrl）+Vを3回使って複製し、合計4つ用意します❹。位置や大きさなどは大まかでよいので、移動しながら並べていきます。このパーツは枝になります。

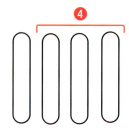

STEP 3　三角形の角を丸くする

［選択］ツールを選択し、三角形のオブジェクトをクリックして選択します。二重丸のアイコンがひとつ表示されるので、これを内側へドラッグすると、すべての角が角丸に変化します❺。

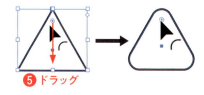

STEP 4　三角形を変形する

［選択］ツールを選択し、三角形のオブジェクトをクリックして選択し、バウンディングボックスを表示させた状態にします。バウンディングボックスの左右でクリック＆ドラッグして三角形の幅を縮めます❻。

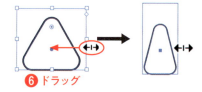

> **memo**
> カーソルが左右の矢印になったタイミングでドラッグしましょう。

STEP 5　三角形を複製して並べる

三角形を複製し、合計2つ用意しておきます。このパーツはりんごの種になります❼。

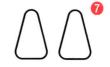

STEP 6　星の角を丸くする

[選択] ツールを選択し、星のオブジェクトをクリックして選択します❽。
角のうちひとつにライブコーナーウィジェットが表示されています。内側のライブコーナーを選んで内側へドラッグすると、選択した星の角がすべて丸くなります❾。外側のライブコーナーを外側へドラッグして、柔らかい形の星にします❿。

STEP 7　星を複製する

角の丸い星を複製し、合計2つ用意しておきます⓫。
この星はブルーベリーのパーツになります。

STEP 8　円を複製する

同じように正円を複製します⓬。
最後のレッスンでも複製をおこないますが、ここでは6つ用意しておきます。

STEP 9　円を楕円にする

6つのうちのひとつを選択して、バウンディングボックスの左右にカーソルをあてます。カーソルの形が左右の矢印に変化したら、クリック&ドラッグし楕円にします⓭。
楕円が作成できたら、バウンディングボックスの左上にカーソルをあててドラッグして拡大（もしくは縮小）します⓮。

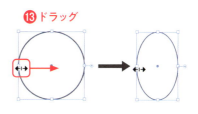

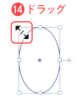

STEP 10 楕円を複製する

楕円を複製して、3つ用意しておきます⓯。
この楕円は葉や光のパーツになります。

STEP 11 ここまでの図形を確認する

ここまでの操作でこのようなオブジェクトができていればOKです。線の太さはバラバラでも構いません。オブジェクトの数が足りなければ、仕上げのときに複製して増やしましょう。多い場合は選択して delete で削除できます。

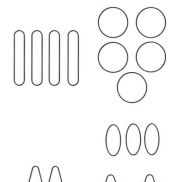

> **memo**
> オブジェクトが大きすぎる（小さすぎる）場合は、バウンディングボックスの角をドラッグ操作して大きさを整えるのがおすすめですが、組み合わせるときにサイズの微調整をおこなうので、おおまかで大丈夫です。

MINI COLUMN　拡大・縮小すると線の太さや角の形がおかしくなるときは

　Illustratorの変形の設定には、拡大・縮小したときに、角の形状や線の太さを相対的に維持して一緒に変形するか、絶対的に保って同一の値にするかを指定でき、どちらの設定にしたかによって、変形したときに見た目が変わることがあります。

　この設定は［Illustrator］メニュー→［設定］（Windowsの場合、［編集］メニュー→［環境設定］）→［一般］と、［プロパティ］パネルの［変形］（もしくは［変形］パネル）の［角を拡大・縮小］と［線幅と効果を拡大・縮小］のチェックの有無で見た目が変わるため、線や角を相対的に変えたい場合はチェックを入れましょう。

図3 ［変形］パネル

Lesson 02　オブジェクトを変形・複製しよう

| Chapter 3　実習

練習用データ >> 3-03

Lesson 03　色を設定しよう

このLessonでは、オブジェクトに色を付けていきます。「塗り」を設定し、「線」を「なし」にする操作を習得します。また、色をコピーする方法も学びましょう。

このレッスンでやること
- オブジェクトの「塗り」を設定する
- オブジェクトの「線」を「なし」にする
- 色をコピー&ペーストする

STEP 0　完成を確認する

Lesson02で複製した図形にそれぞれ色を設定しましょう。色は見本を見ながら自由に決めてOKです。後で変えることもできるので楽しんで取り組んでみてください。

図1 3-3.ai　　図2 3-3-finish.ai

STEP 1 色の設定を確認する

[選択] ツール ▶ で長方形のオブジェクトをまとめて選択します❶。
[ウィンドウ] メニュー→ [カラー] をクリックします❷。
カラーモードが白黒のみの [グレースケール] になっている場合は右上の [パネルメニュー] ≡ をクリックして展開し、カラーモードを [RGB] に変更します❸。

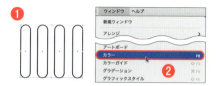

> **memo**
>
> [カラー] パネルのカラーモードが [グレースケール] になっていることで、白・黒・グレーだけしか選択できなくなっている場合があります。こういったときは、オブジェクトを選択した状態で [カラー] パネルを確認して、カラーモードを変更する必要があります。

STEP 2 塗りの色を茶色に変更する

長方形のオブジェクトを選択した状態で、ツールパネルもしくは [カラー] パネルの [塗り] ボックスのアイコンをダブルクリックすると [カラーピッカー] ダイアログが開きます❹。
[カラーを選択] の右側にある縦の虹色の部分をドラッグして色の種類を決めます❺。左側の明るさと鮮やかさの正方形上をドラッグしながら色を設定し❻、[OK] ボタンをクリックします❼。
ここでは、枝の茶色を設定します。[R]、[G]、[B] の3つの項目に半角英数で以下の数値を入力すると作例と同じ色を再現できます❽。

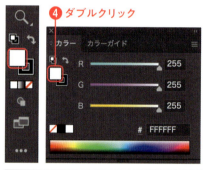
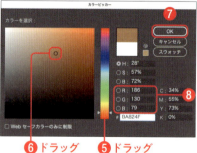

参考カラー
（茶）………… R：186　G：130　B：79

STEP 3 長方形の茶色を三角形へコピーする

何もないところをクリックして枝の選択を解除して、[選択] ツールで三角形を2つ選択します❾。選択した状態のまま、[スポイト] ツール を選んで❿、枝の茶色い部分をクリックします⓫。枝の色が三角形にコピーできました⓬。

58　Lesson 03　色を設定しよう

その他の塗りの色を変更する

同じように、円と星型に、それぞれ「塗り」を適用します。
正円は実にするので、緑と赤、薄紫と紫にします⓭。
楕円は葉とハイライトにするので、薄緑と緑にします⓮。
星型はブルーベリーの実に付けるので薄紫と紫にします⓯。

参考カラー
(緑) .... R：144 G：201 B：107
(赤) .... R：255 G：134 B：109
(薄紫) .... R：145 G：116 B：186
(紫) .... R：74   G：49   B：103
(薄緑) .... R：189 G：224 B：166

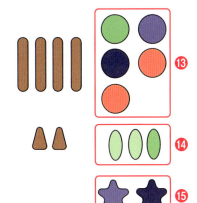

すべてのオブジェクトを選択する

［選択］ツールが選ばれている状態で、アートボードを大きくドラッグし、すべてのオブジェクトを選択します⓰。

memo
⌘（Ctrl）+ A でも、すべてのオブジェクトを選択できます。

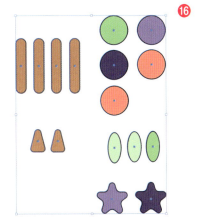

すべての「線」を「なし」にする

［線］ボックスを1度クリックして［塗り］ボックスの手前に表示させ⓱、赤い斜線のアイコンをクリックして選択すると⓲、「線」が「なし」になります⓳。

memo
「塗り」を「なし」にするときは［塗り］ボックスをクリックして前面にし、同じ操作をおこないます。

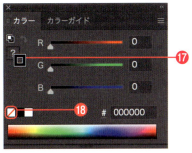

STEP 7 ここまでの図形を確認する

すべての線を「なし」にできたら何もないところを一度クリックして選択を解除します。

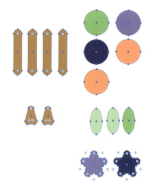

MINI COLUMN　色のバリエーションを試せる［オブジェクトを再配色］

配色について迷ったら、［オブジェクトを再配色］を試してみるのもおすすめです。

色を変えたいオブジェクトを選んで［プロパティ］パネルの［再配色］ボタンをクリックするか、［編集］メニュー→［カラーを編集］→［オブジェクトを再配色］を選ぶと、［再配色］のダイアログが表示されます 図3 。

たとえばデフォルトの状態で下部のスライダーを右に移動すると、色の明るさ（明度）が高く、明るくポップな印象になります❶。ほかにも、中央の円環のカラーの上にある丸いアイコン❷をひとつドラッグすると、色同士の色味が円環の中で相対的に変化し、大胆な色のバリエーションを作成できます。元に戻す際は［リセット］ボタンをクリックします❸。

図3 ［オブジェクトを再配色］

| Chapter 3　　実習

Lesson 04　図形を組み合わせてイラストを仕上げよう

いよいよイラストの仕上げです。作成した図形を複製したり、色や大きさを編集したりして、りんご（2種）、さくらんぼ、ブルーベリーのイラストを作成します。

このレッスンでやること
☐ オブジェクトを操作してイラストを仕上げる

STEP 0　完成を確認する

Lesson03で色を設定した図形を使います。オブジェクトの選択と移動を活用して、別のフルーツと混ざらないように工夫しながら作業していきましょう。

図1 3-4.ai　　　図2 3-4-finish.ai

STEP 1　青りんごを作る

［選択］ツール で移動して、長方形と緑の正円、小さい楕円を組み合わせます❶。大きさが合わないときは拡大と縮小をおこなってください。

memo
楕円を薄い緑色にして、ハイライトを表現しています。

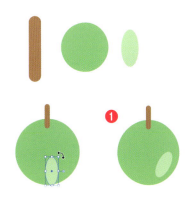

MINI COLUMN 前面と背面を入れ替えよう

オブジェクトが別のオブジェクトに隠れてしまい見本の通りに重ならない場合は、どちらかのオブジェクトを選択して［オブジェクト］メニュー→［重ね順］→［最前面へ］（［最背面へ］）を選択して重ね順を変更してください。「重ね順」についてはChapter4でも解説します。

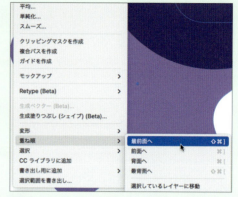

図3 ［オブジェクト］メニュー→［重ね順］から変更できる

STEP 2 さくらんぼを作る

赤い正円を選択してコピーし、2つ用意します❷。
枝に正円を配置し、2つの長方形を斜めにしたら完成です❸。

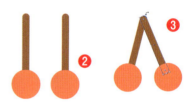

> **memo**
> 長方形が前面に出てしまう場合は、オブジェクトを選択して重ね順を［背面へ］に変更します。

STEP 3 ブルーベリーを作る

楕円、正円、角丸の星型を組み合わせます。濃い色と薄い色を組み合わせると見栄えがよくなります。
正円の上に縮小した星型を配置してから❹、葉の楕円を配置してブルーベリーを仕上げます❺。

半分のりんごを作る①

りんごの外側と内側を作ります。正円をひとつ選択して⌘（Ctrl）＋C、⌘（Ctrl）＋Vで複製し、すこし水平方向にずらして重ねます❻。
2つ重ねた形を選択して⌘（Ctrl）＋C、⌘（Ctrl）＋Vで複製し、色を薄黄にします❼。

参考カラー
（薄黄）............R：255　G：246　B：194

 半分のりんごを作る②

ペーストしたほうの形を両方選択してバウンディングボックスを表示します。shiftを押しながら内側にドラッグして縮小します❽。これが果肉の部分になります。
バウンディングボックスを使って三角形を回転させ、2つの種を配置していきますす❾。

memo
種が隠れてしまう場合は、種を選択して右クリックし［重ね順］→［最前面へ］を選んでから操作を続けます。

 半分のりんごを作る③

果肉と種を選択し、ドラッグして赤いオブジェクトに重ねます❿。最後に枝となる長方形をドラッグして中央に配置します⓫。最後に保存して完成です。

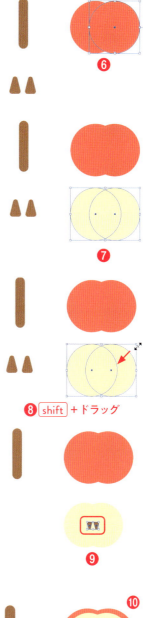
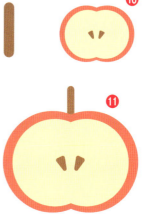

章末問題 イヌとネコを描いてみよう

新しくファイルを作成して、図形のツールを使ってイヌとネコを描いてください。自由に色と形を組み合わせて、かわいいイラストに仕上げてください。

制作条件　　　　　　　　　　　　　　　　　　演習データフォルダ >> 03 - drill

- 図形や線で犬と猫の顔を描く
- ［新規作成］でアートボードを作成する（［アートとイラスト］→［ポストカード（148mm×100mm）］、［プリセットの詳細］→［方向］：［横］）

作例データ >> 03 - drilSample.ai

アドバイス

ネコのヒゲは［直線］ツールを使うと便利です。［直線］ツールを選択してドラッグすると、直線の線を簡単に描くことができます 図1 。描いた線は、「線の設定」で色を変更します。

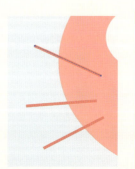

図1 ［直線］ツールで描いたヒゲ

白いイヌやネコを描く場合は背景を用意するのがおすすめです。Illustratorには背景を付ける機能がないので、背景用の大きな長方形を描いてから、右クリックして［重ね順］→［最背面へ］で一番背面へ配置して、それを背景として扱います。

Chapter

4

オブジェクトの編集と
レイヤーの仕組みを
理解しよう

アートボード上にオブジェクトの数が増えてくると、
オブジェクトの選択や操作が難しくなってきます。
このChapterでは、オブジェクト操作の「工夫」を紹介します。

Chapter 4 　授業

「レイアウト」を意識しよう

このChapterでは、デザイン制作にとって重要なレイアウトを行うときのIllustratorの操作を学んでいきます。必要に応じてガイド機能も使いこなせるようになっておくと便利です。

レイアウトとは

　レイアウトとは、文字や写真、イラストなどの配置や設計をおこなうことです。デザイナーは「一番目立たせたい文字は中央に大きく配置する」など、理由を持ってレイアウトをおこないます。すると、ほかの要素について「この要素は文字に対して小さくていい」「この文字はイラストに対して揃えよう」など、相対的な判断がしやすくなります 図1 。

　こうしたレイアウトは、写真や図形、文字、イラストなどの複数の要素、つまりオブジェクト同士の関係性で成り立っています。そこで欠かせないのがIllustratorでの正確な操作です。このChapterでは、レイアウトに欠かせないオブジェクトの操作を紹介します。

図1 Chapter17の完成例。文字を斜めに、写真を中央にレイアウトしている

MINI COLUMN　操作が難しいならマイ・マウスを使おう

　ノートPCで作業している方は、トラックパッドでの操作が多いかもしれません。簡単な操作なら問題ありませんが、オブジェクトが増えたり複雑な操作が必要になったりすると、トラックパッドだけでは操作が難しくなることもあります。

　Illustratorに限らず、クリエイティブな作業をおこなうなら、自分用のマウスを用意して手に馴染ませておくことをおすすめします。

「スマートガイド」&「スナップ」を理解しよう

　初心者におすすめの設定として「スマートガイド」があります。初期設定の状態でオブジェクトを配置すると、蛍光ピンクや緑色の線や小さな文字が表示され、オブジェクトの要素の説明やオブジェクト同士の位置合わせをサポートしてくれます 図2 。スマートガイドは、Illustratorをインストールした初期設定の段階では表示状態になっているので、表示したまま使っている方もいるかもしれません。

図2 スマートガイドが表示されている状態

このスマートガイドは、［表示］メニュー→［スマートガイド］から表示・非表示を切り替えできます。オブジェクトの端や中心を揃えたいとき、スマートガイドを有効にすると、ドラッグ操作で揃うポイントへ半自動的に「吸着」します。

　こういった吸着動作を「スナップ」といい、［スマートガイド］以外にも、［表示］メニューには以下のような「スナップ」機能があります 図3 。

図3 「スナップ」の項目

［表示］メニューから設定できるスナップ機能の種類

スナップ機能	説明
グリッドにスナップ	設定したグリッド上にオブジェクトが揃う。グリッドを表示して使用する
ピクセルにスナップ	パス（P.107 参照）がピクセルグリッド上のポイントに正確に揃う。Web 向けの制作で使用するのがおすすめ
ポイントにスナップ	オブジェクトの線やアンカーポイント（線を構成する点）、中央などの基準となるガイドラインにオブジェクトが揃う
グリフにスナップ	文字（グリフ）のベースラインや中心線などにオブジェクトが揃う

　それぞれ、決められた要素にスナップ（吸着）するため、レイアウトには便利ですが、自由に線を描いたり精密な作業をおこなったりする際には逆にガタツキを感じる場合もあります。必要に応じてオン・オフを切り替えて使いましょう。

「shift 押しっぱなし」は超大事！

　正確なオブジェクトの配置には shift が欠かせません。代表的なものとしては次の操作があります。

- バウンディングボックスの角を shift ＋ドラッグ：拡大・縮小時に縦横比を固定します。
- オブジェクト選択後、 shift ＋ドラッグ：水平／垂直／斜め45°に移動します。

　shift を押しながらおこなうこれらの操作は、正確にオブジェクトを操作するための基本スキルです。

入れ物として活用したい「レイヤー」

レイヤー（layer）とは「層」のことです。何段も重ねられる透明な引き出しの中に写真や絵を入れて、それを上から見ている様子をイメージするといいかもしれません。**図4**は、木と背景が別々のレイヤーに分かれているイメージ画像です。実際には見えませんが、IllustratorやPhotoshopはこういった、「層」でデータが構成されています。

図4 レイヤーのイメージ

たとえば、ある引き出しの中身を整理しても、別の引き出しには影響が出ませんよね。ほかにも、引き出し同士を入れ替えると上から見たときの見え方も変わってきますし、逆に動かしたくないときは鍵をかけておくこともできます。

Photoshopにもこの「レイヤー」の機能がありますが、Illustratorのレイヤーは任意のタイミングで作成できるので、Photoshopと比較すると分かりやすいと思います。
このレイヤーをうまく使うと、オブジェクトの重ね順や表示・非表示を簡単にコントロールできます。複雑なイラストやレイアウトでも、後から柔軟に編集することができるようになるので、ここではまず、練習データを触りながらレイヤーの役割を学んでいきましょう。

> 何か描いてもすぐに違う絵に隠れてしまいます。どうしたら見えるようにできますか？

> 表示させたいオブジェクトの「重ね順」を変更しましょう。また、オブジェクトごとにレイヤーを分けるのも効果的です。レイヤー数に決まりはないので、細かく分けて管理してもOKです。レイヤーの分け方については、Chapter6で紹介しています。

> 移動しようと思ったら前に描いた図形を触ってしまい（選択してしまい）、うまく移動ができません…

> オブジェクトやレイヤーの「ロック」を使いましょう。慣れればショートカットでロック・ロック解除がおこなえます。また、オブジェクトやレイヤーの表示・非表示も併用すると、スムーズに作業できます。ロックや表示の設定は［オブジェクト］メニューからアクセスできます。詳しくは、このChapterの後半で解説します。

著者は、初心者の頃レイヤーを多用していましたが、表示・非表示を知ってからは、一時的にオブジェクトを隠して作業する方が便利だと感じるようになりました。用途にもよりますが、現在は指定がなければレイヤーは少なめにして、表示・非表示を有効活用しています。

| 練習用データ >> 4 - 01 |

Chapter 4　実習

Lesson 01 オブジェクトを複製しよう

コピー&ペーストは簡単なようで奥が深い操作です。Illustratorではこの「コピペ」に複数のやり方があり、仕上がりや使いやすさ、速さを想定して最適な方法を選ぶことが重要です。

このレッスンでやること

☐ さまざまなオブジェクトの複製方法を学ぶ

STEP 0　完成を確認する

⌘（Ctrl）+ V 以外の複製のやり方を紹介します。複製後の見た目は同じでも配置される場所がそれぞれ異なるので、実は侮れないテクニックです。

図1 4-1.ai

図2 4-1-finish.ai

STEP 1　データを開いて確認する

練習データ「4-1.ai」を開きます❶。
3種類のシルエットを使って、指示に合わせていろいろなペーストを試していきましょう。

STEP 2　コピーして［前面へペースト］する

［選択］ツール でオブジェクトをひとつ選択し［編集］メニュー→［コピー］（⌘（Ctrl）+ C）をクリックします❷。［編集］メニュー→［前面へペースト］を選びます❸。元の位置と同じ位置の「前面」へペースト（⌘（Ctrl）+ F）されます。オブジェクトを右へ移動し、複製ができていることを確認しましょう❹。

❹ドラッグ

STEP 3　コピーして［背面へペースト］をする

オブジェクトをひとつ選択し［編集］メニュー→［コピー］（⌘（Ctrl）+ C）します❺。［編集］メニュー→［背面へペースト］（⌘（Ctrl）+ B）で、同じ位置の元のオブジェクトに対して「背面」へ複製できます❻。前面にある元のオブジェクトを右へ移動します❼。

❼ドラッグ

MINI COLUMN　前面・背面のペーストの差が理解しにくいとき

同じ色と形でまったく同じ位置へペーストができる［前面（背面）へペースト］は、はじめて触れる方にとって、見た目が同じであるSTEP2とSTEP3の違いがわからないかもしれません。そんなときは、コピーした直後にコピーしたオブジェクトの色や形を少し変えてから［前面（背面）へペースト］を試してみると、前面と背面の違いがわかりやすくなります。

たとえば 図3 は、オレンジの鳥をコピーした後、ペーストを実行する前に元のオブジェクトを縮小してグレーにし、その後［背面へペースト］を試みています。

図3 コピー直後にコピー元を変更してから［背面へペースト］を実行

STEP 4　option（Alt）+ドラッグのショートカットで複製する

オブジェクトを選び、option（Alt）を押しながらドラッグすると、ドラッグ方向へ複製が作成されます。さらにshiftも押せば、水平方向・垂直方向・45°方向へ正確に複製できます❽。option（Alt）を押している最中は、カーソルのアイコンが二重の矢印になります。

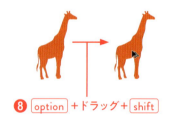

❽ option +ドラッグ+ shift

MINI COLUMN　［すべてのアートボードへペースト］、［同じ位置にペースト］と［前面にペースト］の違い

ここで紹介している機能のほかに［同じ位置にペースト］［すべてのアートボードへペースト］という機能があります。アートボードが3枚以上ある場合、［同じ位置にペースト］を選ぶと、選択されているアートボード上で同じ位置にペーストされます。

すべてのアートボードへペーストするには、［すべてのアートボードへペースト］を選択します。

| Chapter 4　実習 | 練習用データ >> 4 - 02 |

Lesson 02 オブジェクトを「グループ」化して編集しよう

複数のオブジェクトで構成されたイラストをまとめて移動させるには「グループ化」が便利です。

このレッスンでやること
- ☐ イラストをグループにする
- ☐ グループを解除する
- ☐ 「グループ編集モード」を学ぶ

STEP 0　完成を確認する

顔のパーツをグループ化して、一度に選択し移動させ、鬼のイラストを完成させましょう。

図1 4-2.ai　　図2 4-2-finish.ai

ここでグループについて理解できたら、Chapter2のトマトのイラスト（Lesson02）を確認して、トマトの「グループ」を覗いてみてください。

STEP 1　データを開いてレイヤーを確認する

練習データ「4-2.ai」を開きます。
鬼の顔と体があるので、オブジェクトを試しに選択してみます。現在はオブジェクトごとに別々の選択ができます❶。

memo
この時点で誤って移動してしまった場合は ⌘（Ctrl）+ Z で戻します。

71

STEP 2　頭のオブジェクトをグループ化する

「頭」に関するオブジェクト（角、髪、顔、目、眉、口）をすべてドラッグで選択します❷。右クリックまたは［オブジェクト］メニュー→［グループ］（⌘（Ctrl）+ G）を選びます❸。これで頭のオブジェクトをひとつのグループとして扱えます。

> **memo**
> グループの作成はオブジェクトを選択した状態で右クリックからのグループ化や［プロパティ］パネルのボタンからも可能です。

STEP 3　グループを選択して移動する

グループ化した頭をドラッグすると、頭のどこをクリックしても頭全体をまとめて移動できます。
体の上へ移動しましょう❹。

STEP 4　ダブルクリックで「グループ編集モード」にする

一度グループ化すると、通常のワンクリックでは個々のオブジェクトを個別に編集できなくなります。そこで、「グループ編集モード」を使用します。頭のオブジェクトをダブルクリックします❺。「グループ編集モード」に切り替わると、左上にオブジェクトの階層が表示されます。

STEP 5 「グループ編集モード」でオブジェクトを編集する

「グループ編集モード」中は、ほかのオブジェクトが半透明表示になり、グループに属するオブジェクトのみを編集できます。

もう一度、眉毛や口のオブジェクトをクリックすると、グループ内の選択したオブジェクトを個別に選択できるようになります❻。バウンディングボックスを利用した角度の変更で、眉毛や口を回転させて表情を変更してみましょう❼。

> **memo**
> グループの中にさらにグループを作ることもできます。この口のパーツは口と2本の牙でできているので、回転する前にこの3つを選択してグループ化してもよいでしょう。

STEP 6 グループ編集モードを解除する

編集ができたらアートボード上の何もないところをダブルクリックするか、[esc]で通常のモードに戻ります❽。元に戻ると、グループが維持されています。

> **memo**
> グループを解除するにはグループを選択した状態で［オブジェクト］メニュー→［グループの解除］を選択するか、右クリックして［プロパティ］パネルなどから操作します。

MINI COLUMN ダブルクリックによる編集モードを無効にする

グループ編集モードを利用したくない場合は、［Illustrator］→［設定］（Windowsの場合、［編集］メニュー→［環境設定］）→［一般］→［ダブルクリックして編集モード］のチェックを外します。その場合、オブジェクトを編集する方法としては、①グループの解除　②［ダイレクト選択］ツールによるクリック のどちらかになり、やや上級者向けのテクニックと言えます。

| Chapter 4　実習 |　　　　　　　　　　　　　| 練習用データ >> | 4-03 |

Lesson 03　オブジェクトの「整列」と「分布」でレイアウトしよう

[整列]パネルを使って、複数のオブジェクトをきれいに揃えたり均等に並べる「整列」と「分布」を学びます。「整列」を覚えると、画面上の要素をスッキリ揃えられるので、レイアウトの作業がとても効率的になります。

このレッスンでやること
- [整列]パネルを使ってみる
- 整列や分布の使いどころを知る

STEP 0　完成を確認する

不規則に並んだ4つの窓のオブジェクトを均等に並列させましょう。

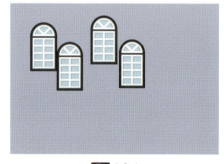

図1 4-3.ai

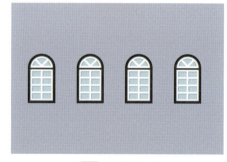

図2 4-3-finish.ai

STEP 1　データを開いて確認する

練習データ「4-3.ai」を開きます。
画面には、壁に対して窓が複数配置されていますが、上下左右にずれて並んでいる状態です❶。
まずはこれを[整列]パネルを使って横に並べてみましょう。

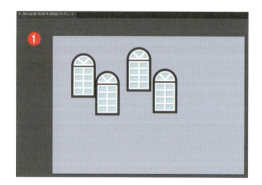

74　Lesson 03　オブジェクトの「整列」と「分布」でレイアウトしよう

STEP 2 [整列] パネルを表示する

[ウィンドウ] メニュー→ [整列] を選択し、[整列] パネルを開きます❷。[整列] パネルには、オブジェクトを左揃え・中央揃え・右揃えなど位置を揃える「整列」機能と、オブジェクトの間隔を均等にする「分布」機能があります❸。

> **memo**
> 下段の [等間隔に分布] が非表示になっている場合は、右上の [パネルメニュー] をクリックして [オプションを表示] を選択します。

STEP 3 オブジェクトを選択して整列する

整列したい窓のオブジェクトすべてをドラッグして選択します❹。[整列] パネルで [垂直方向中央に整列] ボタンをクリックすると❺、選択したすべての窓が、横方向に中央揃えになります❻。見た目を確認し、上下方向のズレが解消されたことを確かめましょう。

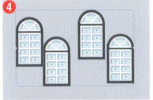

 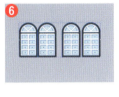

STEP 4 オブジェクトを等間隔に分布する

続いて窓同士を均等な間隔で並べてみましょう。窓のオブジェクト全体をアートボードの上下中央に移動します❼。

次に一度選択を解除して、右から端の窓をそれぞれ選択し直し、shift を押しながらドラッグして窓同士の間隔を少し離します❽。

最後にもう一度すべての窓を選択してから、[整列] パネルで [水平方向中央に分布] ボタンをクリックします❾。これで、選択した窓オブジェクトが一定の間隔で並ぶようになります。

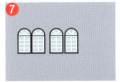 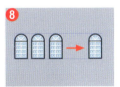

MINI COLUMN　さらに効率よく揃えるなら「基準」を選ぶ

　このLessonでは、選択したオブジェクト同士を揃えるオーソドックスなやり方を紹介していますが、さらに効率よく揃えるのであれば、［整列］パネルの整列の基準を設定するのがおすすめです。

　［整列］パネルの［整列］欄にある［アートボードに整列］のボタンをクリックしてからオブジェクトを選択します　図3　。次にSTEP3で紹介している［垂直方向中央に整列］を選ぶと、アートボードの中心にオブジェクトが揃うため、STEP4の分布の操作のうち、窓のオブジェクト全体を中央に移動する操作を省けます。

　［整列］パネルへの理解ができたら、今度は基準を意識しながらもう一度トライしてみるのもおすすめです。ほかにも、［キーオブジェクトに整列］　図4　や、Chapter6で紹介する「パス」を選択しているときにだけ使える［アンカーポイントの整列］という機能もあります。

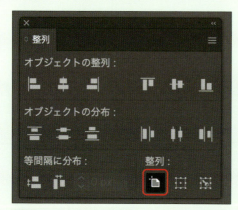

図3　［アートボードに整列］

図4　［キーオブジェクトに整列］

| Chapter 4　実習 | 練習用データ >> 4 - 04 |

Lesson 04　「レイヤー」の順序を操作しよう

レイヤーの基本的な機能を紹介します。レイヤーの順番を変更することで、アートワーク全体の見え方が変わることを学びます。

このレッスンでやること
- ☐ [レイヤー] パネルを確認する
- ☐ レイヤーの順序を変更する

STEP 0　完成を確認する

練習データにはあらかじめ3枚のレイヤーが用意されていますが、はじめは背景以外は見えません。そこで、レイヤーの順序を操作していきます。

素材
図1 4-4.ai

完成
図2 4-4-finish.ai

STEP 1　データと [レイヤー] パネルを開く

練習データ「4-4.ai」を開きます❶。
[ウィンドウ] メニュー → [レイヤー] を選択し、[レイヤー] パネルを表示します❷。
現在のレイヤー構造を確認しましょう。現在、[背景] レイヤー、[飾り] レイヤー、[白土台] レイヤーがあり、[背景] が一番上にあるため、ほかのふたつのレイヤーが隠れています❸。

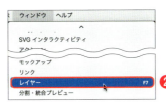

77

STEP 2 レイヤーの順序を入れ替える

[レイヤー] パネル上で、[背景] レイヤーのバーをドラッグ&ドロップし、ほかのレイヤーの下へ移動させます❹。[飾り] と [白土台] レイヤーが [背景] レイヤーより上になるように並び替えます。
[背景] レイヤーを下に移動させると、ほかのレイヤーが見えるようになります❺。

STEP 3 新しくレイヤーを作成する

黒いフレームのラインを別のレイヤーに分けてみましょう。はじめに、新しくレイヤーを作成します。[レイヤー] パネルの右下にある [新規レイヤーを作成] ボタンをクリックします❻。[レイヤー4] が作成されるので、レイヤーの名前の上でダブルクリックしてレイヤーの名称を「フレーム」に変更し return (Enter) を押します❼。

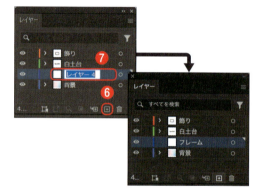

STEP 4 [フレーム] レイヤーを上へ移動する

[フレーム] レイヤーをドラッグ&ドロップして、一番上へ移動します❽。

STEP 5 オブジェクトを別のレイヤーへ移動する

[飾り] レイヤーの黒いフレーム部分をクリックして選択します❾。[レイヤー] パネルを確認すると、[飾り] レイヤーの右側に丸いアイコンが表示されていることがわかります。
このアイコンを [フレーム] レイヤーの丸いアイコン部分へドラッグ&ドロップすると、レイヤーの移動ができます❿。

> **memo**
> レイヤー間のオブジェクトの移動は、次のLessonで紹介する「サブレイヤー」のドラッグ操作でも可能です。

Chapter 4　実習 | 練習用データ >> 4-5

Lesson 05　オブジェクトの「重ね順」を理解しよう

オブジェクトの重ね順を変更する方法を学びます。重ね順を調整することで、どのオブジェクトが手前に、どれが奥にくるかを自在にコントロールできます。

このレッスンでやること
- □ 重ね順を変更する
- □ [レイヤー]パネルから重ね順を変更する

STEP 0　完成を確認しよう

雲と風船の重ね順を変更して、すべての風船が雲より前に見えるようにしましょう。

図1　4-5.ai　　　　図2　4-5-finish.ai

たくさんのオブジェクトの奥行きの関係性を自由自在にコントロールできるようになりましょう！

STEP 1　データを開いて確認する

練習データ「4-5.ai」を開きます❶。
画面には雲と風船が散らばっています。今は雲が風船の前にあり、よく見えません。この状態を整理してみましょう。

79

STEP 2 オブジェクトを選択し、重ね順を変更する

雲より手前にしたい風船を選択します❷。[オブジェクト]メニュー→[重ね順]→[最前面へ]を選ぶと、その風船がすべてのオブジェクトの前面に移動します❸。

同様に、雲を選択して[背面へ]を選べば、雲のオブジェクトがひとつ背面へ移動されますが、そのオブジェクト（雲）から見てひとつ背面になるため、見た目が変化するかどうかはオブジェクトの重ね順次第です。

> **memo**
> 重ね順の変更は、Chapter3で紹介した右クリックによる操作でもOKです。

> **memo**
> 雲を選択して[最背面へ]を選ぶと、水色の背景の後ろに回り込むようになり、見えなくなってしまいます。この場合、水色の背景を選択して再度[最背面へ]を選びます。

STEP 3 サブレイヤーを表示する

[ウィンドウ]メニュー→[レイヤー]を選択し、[レイヤー]パネルを表示します❹。
サムネイルの左にある右向き矢印のアイコン▶をクリックすると❺、オブジェクトが個別に表示される「サブレイヤー」が展開・表示されます。ここでどのオブジェクトが上層（前面）にあり、どのオブジェクトが下層（背面）にあるのかを確認できます❻。

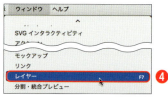

サブレイヤーの順序を変更する

[レイヤー] パネルの [＜パス＞] が雲で [＜グループ＞] が風船です。

shift を押しながらすべての [＜パス＞] をクリックしてまとめて選択し、[＜グループ＞]（風船）と [＜長方形＞]（背景の青）の間へまとめて移動します❼。この方法で、視覚的に階層を確認しながら重ね順を整えられます。

❼ドラッグ＆ドロップ

 仕上がりを確認する

変更が完了したら、[レイヤー] パネルとアートボード上で風船と雲の表示順をチェックします。風船が雲の手前に浮いているような見た目になっていれば完成です❽。

❽

作業のスピードアップを目指そう

複数のオブジェクトを選択した上で重ね順の変更を実行することもできます。たとえば風船をすべて選択してから [最前面へ] を選択すれば、ここで紹介している作業が一度で完了します。重ね順を変更する機会は非常に多いので、ショートカットを積極的に活用しましょう。

重ね順のショートカット

ショートカットキー	説明
⌘（Ctrl）＋]	前面へ移動（1段階前へ）
⌘（Ctrl）＋ shift ＋]	最前面へ移動
⌘（Ctrl）＋ [	背面へ移動（1段階後ろへ）
⌘（Ctrl）＋ shift ＋ [	最背面へ移動

Chapter 4　実習　　　　　　　　　　　　　　　練習用データ >> 4-06

Lesson 06 オブジェクトを「ロック・ロック解除」&「表示・非表示」しよう

Illustratorでは、編集したくないオブジェクトをロックして誤操作を防いだり、作業中に不要なオブジェクトを非表示にして見やすくしたりすることができます。

このレッスンでやること
☐ ロック・ロック解除や表示・非表示を活用した効率のよい編集方法

気になるパーツを一時的に触れないようにしたり、見えなくしたりしておけば、オブジェクトの選択がラクになりますよ！

STEP 0 完成を確認する

オブジェクトのロックや非表示を使いながら、オブジェクトの配置を変更してみましょう。

図1 4-6.ai　　　　　　　　　図2 4-6-finish.ai

STEP 1 データを開いて確認する

練習データ「4-6.ai」を開きます❶。
人物が前面にあり、その奥に背景の四角形と文字、植物柄の飾りが配置されています。重なっているオブジェクト（人物）により、背面のオブジェクトが見にくかったり、選択しにくいと感じることがあるかもしれません。そこでロックや非表示を利用します。

STEP 2　人物のオブジェクトをロックする

人物を選択して［オブジェクト］メニュー →［ロック］→［選択］を選びます❷。これで人物がロックされ、ドラッグしても動かせなくなります。「Dance」の文字を選択して位置を移動します❸。

> **memo**
> オブジェクトのロック：⌘（Ctrl）+ 2

STEP 3　ロックを解除する

一度ロックしたオブジェクトのロックを解除したい場合は、［オブジェクト］メニュー →［すべてをロック解除］を選びます❹。これで人物側をもう一度選択・編集できるようになります。

> **memo**
> ロックの解除：
> ⌘（Ctrl）+ option（Alt）+ 2

STEP 4　オブジェクトを非表示にする

編集時にオブジェクトそのものが見えない方がよい場合は、「非表示」にします。隠しておきたい人物を選択します❺。
［オブジェクト］メニュー →［隠す］→［選択］を選ぶと、人物は見えなくなり、隠れていた部分が見えるようになるので、作業がしやすくなります❻。葉の装飾について、配置を縦から横へ調整して大きさを整えます❼。

> **memo**
> オブジェクトを隠す：⌘（Ctrl）+ 3

STEP 5　非表示を解除する

非表示を解除するには、[オブジェクト]メニュー→[すべてを表示]を選びます❽。これで非表示にしていた人物が再び表示され、全体の仕上がりを確認できます。

memo

すべてを表示：
⌘（Ctrl）＋ option（Alt）＋ 3

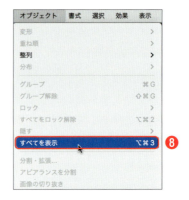

memo

ロック・ロック解除と表示・非表示は、[レイヤー]パネルからでも操作や確認ができます。サブレイヤーを展開して左側の四角形の枠のうち、右側をクリックすると鍵のマークが表示されロック状態になります。左側の目玉のマークをクリックすると非表示になります。[オブジェクト]メニューやショートカットから実行したロックなども[レイヤー]パネルから管理できます。

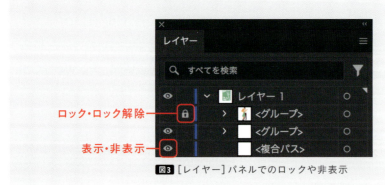

図3 [レイヤー]パネルでのロックや非表示

| 練習用データ >> 4-07 |

Chapter 4　実習

Lesson 07 いろいろなオブジェクトを効率よく選択しよう

［選択］ツールによるクリック以外にも、オブジェクトの色や形状で自動的に選択する方法があります。取りこぼしがなく正確に作業ができる機能です。

このレッスンでやること
- 色（塗り）や形による選択を試す
- 選択された複数のオブジェクトの色を変更する

STEP 0　完成を確認する

「グレー」や「雪の結晶」といった色や形状が同じものを一括で選択し、編集してみましょう。

素材

図1　4-7.ai

完成

図2　4-7-finish.ai

色や形状に基づいてオブジェクトを一括で選択できると、複雑なデータでも効率よく編集できます。雪の結晶が選択＆変更できたら、丸のオブジェクトにも挑戦してみてください。

STEP 1　データを開いて灰色のオブジェクトを一括で選択する

練習データ「4-7.ai」を開き、［選択］ツール でグレーの雪の結晶を1つ選びます❶。
上部メニューの［選択］メニュー→［共通］→［カラー（塗り）］を選択すると、同じグレーの「塗り」が設定された雪の結晶がすべて選択されます❷。

memo
ロックや非表示が適用されているオブジェクトがある場合、選択の対象外になります。

85

STEP 2 色を白に変更する

一括選択された状態で、[ウィンドウ] メニュー → [カラー] をクリックして [カラー] パネルを表示し❸、「塗り」を「白」に変更しましょう。[カラー] パネルのRGBの値をすべて「255」にすると、グレーをすべて白に変更できます❹。何もないところをクリックすると一括選択を解除できます。

▎カラー
　（白）................R：255　G：255　B：255

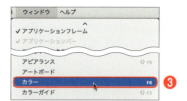

STEP 3 類似した要素を選ぶ [オブジェクトを一括選択] を使う

続いて、雪の結晶のうち、同じ形を一括で選択します。はじめに [選択] ツールで雪の結晶のオブジェクトを1つ選びます❺。[選択] メニュー → [オブジェクトを一括選択] を選びます❻。同じ形状を持つ雪の結晶が一括で選択されます。

STEP 4 雪の結晶を一括で回転する

STEP3で選択した雪の結晶のピンク色のバウンディングボックスの角にカーソルをあて、オブジェクトを回転すると、ほかのオブジェクトにも回転の変更が加わります❼。

STEP 5 雪の結晶の［不透明度］を一括で変更する

引き続き一括選択が継続されている状態で［プロパティ］パネルや［透明］パネルの［不透明度］を調整します。

［ウィンドウ］メニュー→［透明］をクリックし❽、［不透明度］を「70%」程度にすると❾、選択されている雪の結晶がすべて半透明になり、下の背景がうっすら透けて見えるようになります❿。

何もないところをクリックすると一括選択を解除できます。

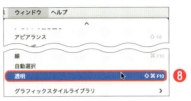

［オブジェクトの一括選択］のオプション

オブジェクトを選択した後で［プロパティ］パネルを確認すると、下部に［オブジェクトの一括選択］のボタンが表示されるので、ここからの操作も可能です。ボタンの右端にある下向き矢印アイコンをクリックすると［オブジェクトの一括選択］のオプションを開くことができます 図3 。

オプションのうち［サイズ］のチェックを外すと選択の判定基準が変更され、形が同じでサイズが異なるオブジェクトも選択の対象になります。

図3 ［オブジェクトの一括選択］のオプション

章末問題 指示通りにレイアウトしよう

素材データにはいろいろなデザイン用のパーツが入っています。これを参考作例のとおりにレイアウトしてみましょう。

制作条件

演習データフォルダ >> 04 - drill

- 用意されたデータ（04-drillMaterial.ai）を使用する
- グレーのお皿は1枚のみなので、「複製」する
- ロックがかかっているオブジェクトは解除する

素材データ >> 04 - drillMaterial.ai

作例データ >> 04 - drilSample.ai

アドバイス

　素材データを開くと、あらかじめ［挿絵］レイヤー、［本文］レイヤー、［見出し］レイヤー、［背景］レイヤーが用意されています。このレイヤーの構造変更は自由です。［レイヤー］パネルでロックの有無を確認してロックを解除したり、［整列］パネル→［分布］を利用して均等に配置して、参考作例と同じ状態に仕上げていきましょう。「スマートガイド」を使うのもおすすめです。

Chapter

5

いろいろな色を付けよう

Illustratorでは単色だけでなく
グラデーションやパターンも扱えます。
このChapterでは、色を自在に操るために
必要なテクニックを見ていきます。

Chapter 5　授業

もっと色の扱いを知ろう

Illustratorで作成したオブジェクトには「塗り」と「線」があることは、Chapter2で学びましたね。ここでは、改めて「塗り」と「線」の操作について確認します。

色を使いまわそう

Chapter2で紹介したように、「色を付ける」の中には、単色、グラデーション、パターンの3種類があります。さらに「不透明度」や「描画モード」を使って、前面のオブジェクトを透かしたり、背面と色を混ぜたりもできます。

こういった色が増えてくると、その管理も大変になります。そこで［スウォッチ］パネル 図1 を使うことで色やパターンを保管して活用するのが便利です。

図1 色を管理できる［スウォッチ］

色を決めるための要素を知ろう

単色の色は［カラー］パネルや［塗り］ボックスや［線］ボックスをダブルクリックしたときに表示される［カラーピッカー］ダイアログから選びます。色を選ぶ上では、以下の3要素を知っておくとよいでしょう 図2 。

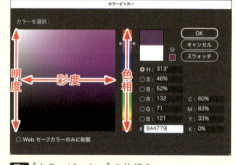

- 色相（しきそう）：色の種類（赤、青、黄など）
- 彩度（さいど）　：色の鮮やかさ（鮮やかか、くすんでいるか）

図2 ［カラーピッカー］の仕組み

- 明度（めいど）　：色の明るさ（明るいか、暗いか）

［カラーピッカー］ダイアログでは、左側の正方形エリアで彩度と明度を選びます。また、隣にある縦の虹色のスペクトル状の帯をクリックして色相を選びます。［カラーピッカー］の見た目はPhotoshopでも同じなので覚えておきましょう。

おすすめの作業手順としては、まず、①色相（色の種類）を選ぶ　②明度と彩度を選ぶ　という順序を基本にします。たとえば、今ある色に対して同じトーンの別の色にしたい場合は、色相だけを変更すると、色のまとまりが出ます。

　色の指定は、［カラーピッカー］の右側にあるRGB（0～255）やWebデザインで使用されるHex（16進数表記）、印刷用のCMYK（0～100%）で数値によって指定する場合もあります。

　また、「塗り」や「線」には「なし」を選ぶことができます。ツールパネルの［塗り］と［線］ボックスの下にある3つの正方形のうち、右端にあるアイコン ▱ をクリックすると「塗り」や「線」の色を何も設定していない状態になります。

線画のイラストに着色するにはどうしたらいいですか？

線がパスであること（塗る部分が透明であること）を前提に、次のような方法が考えられます。

（1）オブジェクトを別に作る方法

　線画レイヤーの下に塗り用のレイヤーを配置して、［ペン］ツールで塗りたい色の輪郭をなぞって、顔、髪などのオブジェクトを個別に描く 図3 。

図3 ［ペン］ツールで帽子の形を描いて色を設定

（2）［塗りブラシ］ツールを使う方法

　線画レイヤーの下に塗り用のレイヤーを配置して、［塗りブラシ］ツールで塗る 図4 。

図4 ［塗りブラシ］ツールで塗る

（3）［ライブペイント］ツールを使う方法

　塗る領域が閉じている（隙間のない）オブジェクトを選択して［ライブペイント］ツールを選ぶ→色を選ぶ→［ライブペイント］ツールで塗りたい領域をクリックして色を塗る 図5 。

図5 ［ライブペイント］ツールで塗る

初心者の方におすすめなのは、(2)の［塗りブラシ］ツールです。［塗りブラシ］ツールについては次のChapter6で紹介します。

| 練習用データ ≫ 5-01

Chapter 5　実習

Lesson 01　葉っぱの線を調整しよう

「線」の基本的な設定を学びます。オブジェクトに設定された線の太さを変えたり線を破線にしたりすることで、印象が変化します。

このレッスンでやること
- □「塗り」なし&「線」ありのオブジェクトを設定する
- □ 線の太さを調整する　□ 破線を設定して、イラストにアクセントを加える

STEP 0　完成を確認する

太めの線で輪郭を強調したり葉脈を破線で表現したりして、ラインアートに仕上げましょう。

図1 5-1.ai

図2 5-1-finish.ai

STEP 1　データを開いてシルエットの「塗り」を「なし」にする

練習データ「5-1.ai」を開いて、[選択]ツール ▶ でグレーの葉っぱのシルエットのオブジェクトを選択します❶。
ツールパネルで[塗り]ボックスをクリックして前面にし❷、下のアイコンの[なし](斜線アイコン)をクリックして「塗り」を「なし」にします❸。これでシルエットの「塗り」が消えます。

92　Lesson 01　葉っぱの線を調整しよう

線の色を設定する

続いて、シルエットが選択されている状態のままツールパネルの［線］ボックスをダブルクリックして［カラーピッカー］ダイアログを表示します❹。黒色を設定して［OK］ボタンを押して閉じると、シルエットの周りに黒い線が設定されます❺。

STEP 3 ［線］パネルから線の太さを変更する

［ウィンドウ］メニュー→［線］をクリックして［線］パネルを開き❻、右上の［パネルメニュー］ ≡ をクリックして［オプションを表示］をクリックします❼。［選択］ツールで葉っぱ全体をドラッグしてオブジェクトをすべて選択し［線］パネルの［線幅］に「10px」と入力します❽。変更できたら一度選択を解除します。

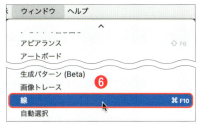

> **memo**
> 単位が異なる場合は、［Illustrator（Photoshop）］メニュー→［設定］（Windowsでは、［編集］メニュー→［環境設定］）→［単位］→［線］を「ピクセル」に変更してください。

 破線を設定する

［選択］ツールで、shift ＋クリックしながら左右に枝分かれしている葉脈を選択します❾。［線］パネルで、［破線］にチェックを入れます❿。［線分］に「60px」、［間隔］に「20px」と入力すると、60pxの線、20pxの隙間のパターンの破線に変わります⓫。

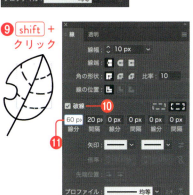

 線の端を調整する

［線］パネルの［線端］を変更します。［丸型線端］にすると、線の終わりがやわらかな印象になります⓬。葉脈や茎の先端を丸めて、より優しい雰囲気に仕上げます。

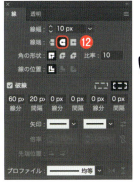

STEP 6　線の色を変更する

[選択]ツールで葉っぱ全体をドラッグしてオブジェクトをすべて選択します❸。ツールパネルの[線]ボックスをダブルクリックして[カラーピッカー]ダイアログを表示させ❹、緑色を設定します❺。

> 参考カラー
> （緑）..............R：92　G：153　B：128

STEP 7　シルエットを複製して最背面へ配置する

葉っぱの外側の線（シルエット）のオブジェクトをコピー&ペーストで複製し❻、[オブジェクト]メニュー→[重ね順]→[最背面へ]をクリックします❼。
複製したオブジェクトの「線」を「なし」にして❽、「塗り」の色を薄い緑色にします❾。
このオブジェクトを若干ずらすと、抜け感のある素敵なイラストに仕上げることができます。

> 参考カラー
> （薄緑）............R：186　G：226　B：209

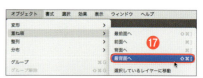

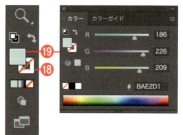

Chapter 5　実習

Lesson 02 「グラデーション」でグラフを知的な雰囲気にしよう

単色からグラデーションへ変更する操作を習得します。棒グラフをグラデーションにすると洗練された印象になります。

このレッスンでやること
- 「塗り」にグラデーションを適用する
- ［グラデーション］パネルの操作を学ぶ
- ［カラー］パネルでの色設定方法を学ぶ

STEP 0　完成を確認する

彩度の高い鮮やかなグラデーションは近年のトレンドです。使いこなせるようになるとイラストやデザインがより華やかになりますよ。

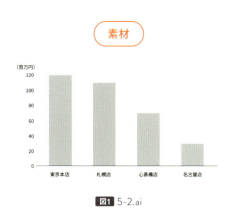

図1　5-2.ai　　　図2　5-2-finish.ai

STEP 1　データを開いて操作オブジェクトを確認する

練習データ「5-2.ai」を開き、［レイヤー］パネルを確認します。ロックのかかっていない［作業用］レイヤーの中にはグレーの棒グラフのオブジェクトがあります❷。このオブジェクトを操作していきます。

memo
以降は［レイヤー］パネルは使わないので小さくしてもOKです。

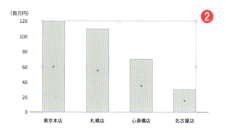

STEP 2 パネルを表示してグラデーションを適用する

［ウィンドウ］メニューから［カラー］パネルと［グラデーション］パネルの両方を表示させます❸。［選択］ツール で棒グラフをすべて選択し❹、［塗り］ボックスを前面にして❺「グラデーション」アイコン（白黒）を選びます❻。棒グラフが白黒グラデーションになると同時に、［グラデーション］パネルの表示も変化します。

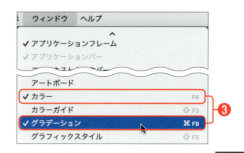

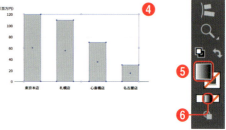

STEP 3 始点の色を変更する

［グラデーション］パネルのスライダー左端（白い丸）をクリックしてから❼、［カラー］パネルでRGB値を調整します❽。グラデーションの丸いアイコンをクリックした状態で［カラー］パネルを操作すると、両方が連動して変化します。

参考カラー
（紫）..............R：170　G：90　B：160

STEP 4 中間色用の「分岐点」を追加する

［グラデーション］パネルのスライダーの下部中央をクリックして「分岐点」を追加します❾。この分岐点が選択されている状態のまま［カラー］パネルで別の色を設定します❿。

参考カラー
（ピンク）........R：235　G：100　B：100

STEP 5 終点の色を変更する

同じ操作でスライダー右端の黒い丸をクリックして❶［カラー］パネルで色を設定します❷。

▸ 参考カラー
（オレンジ）....R：255　G：165　B：0

> **memo**
> 分岐点をクリックして右側のゴミ箱アイコンをクリックするか、パネルの外側にドラッグすると、不要な分岐点を削除できます。

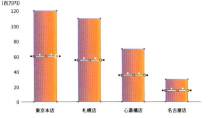

STEP 6 ［グラデーション］ツールで方向を調整する

次にツールパネルから［グラデーション］ツール  を選びます❸。［グラデーション］ツールで左上から右下へドラッグすると、斜め方向のグラデーションがかかり、棒グラフの高さに応じて少しずつ色が変化するような表現ができます❹。

> **memo**
> ［グラデーション］ツールを使用するとアートボード上にも分岐点が表示されます。この分岐点をドラッグすると色が混ざる場所を調整できます。

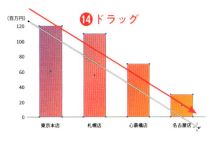

| Chapter 5　実習　　　　　　　　　　　　　　　　　　　　　　| 練習用データ ≫ 5-03 |

Lesson 03 ［スウォッチ］に色を登録して使おう

使いたい色は［スウォッチ］へ登録しておくと便利です。「グローバルスウォッチ」を使うと、色の一括変更もできるようになります。

このレッスンでやること
- ［スウォッチ］に色を登録する
- ［スウォッチ］パネルの色を使う
- グローバルスウォッチを編集する

STEP 0 完成を確認する

［スウォッチ］を使って、効率よく色の変更をしてみましょう。

図1 5-3.ai

図2 5-3-finish.ai

［スウォッチ］は色やパターンを保存しておける、絵の具のパレットのような機能です。活用すると、同じドキュメントの中で毎回色を作らなくてよくなるので便利ですよ。

STEP 1 データを開いて［スウォッチ］パネルを表示する

練習データ「5-3.ai」を開きます。
［ウィンドウ］メニュー→［スウォッチ］をクリックして［スウォッチ］パネルを開きます❶。この一つひとつの四角形のアイコンを「スウォッチ」と言います❷。

❷スウォッチ

STEP 2　色を［スウォッチ］へ登録する①

ツリーのオブジェクトのうち、深緑色をクリックして選択します❸。［スウォッチ］パネルの右上の［パネルメニュー］ →［新規スウォッチ］か、下部の［＋］を選びます❹。

> **memo**
>
> ［カラーピッカー］ダイアログで［スウォッチ］ボタンを選択すると、直接スウォッチへ登録することもできます。一方、オブジェクトを［スウォッチ］パネルへ直接ドラッグすると「パターン」（P.101参照）として登録されてしまうので注意しましょう。

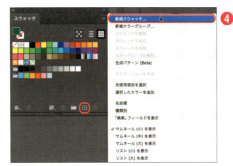

STEP 3　色を［スウォッチ］へ登録する②

［新規スウォッチ］ダイアログで［グローバル］にチェックを入れて［OK］ボタンを押します❺。すると「グローバルスウォッチ」として登録されます。グローバルスウォッチはスウォッチアイコンの右下に白い三角形が表示されます。

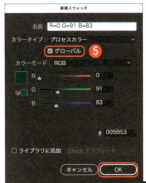

STEP 4　グローバルスウォッチを適用する

人物のグレーのエプロンを選択し❻、［スウォッチ］パネルで登録した深緑色の［スウォッチ］をクリックします❼。エプロンのオブジェクトが深緑色になります。
長袖も同じ［スウォッチ］を適用して、上半身を同じ深緑色にします❽。
また、ツリーの赤や金色も同じように［スウォッチ］を登録して人物に適用します❾。

グローバル
スウォッチ

STEP 5　グローバルスウォッチの濃度を変える

［ウィンドウ］メニュー →［カラー］をクリックして［カラー］パネルを表示し、長袖のオブジェクトをクリックして選択します。［カラー］パネルにスライダーが表示されるので、このスライダーを動かし、色の濃淡を「60%」程度に設定します❿。

STEP 6　グローバルスウォッチの色を変更する

［スウォッチ］パネルの登録したグローバルスウォッチをダブルクリックすると［スウォッチオプション］が開きます⓫。ここでRGB値を変更すると、登録元のオブジェクトと同じスウォッチを適用しているすべてのオブジェクトの色が一斉に変わります⓬。

> 参考カラー
> （青）..............R：0　G：50　B：83

MINI COLUMN

スウォッチにある「レジストレーション」って何？

［スウォッチ］パネルに最初から入っている「レジストレーション」は、これを設定すると見た目はただの黒色ですが、CMYKの量がすべて100%になっている特殊な設定の色で、通常使うことはありません 図3 。これは「トンボ（トリムマーク）」（P.361参照）と呼ばれる印刷の基準に使用するためのものなので、オブジェクトには使わないようにしましょう。

図3　レジストレーション

| 練習用データ >> 5 - 04 |

Chapter 5　実習

Lesson 04　チェックの「パターン」を作ろう

パターンを作成するには、元になるオブジェクトをスウォッチパネルに登録して、[パターンオプション] で編集します。一連の流れを見ていきましょう。

このレッスンでやること
- □ パターンの元となる図形を作る
- □ スウォッチへ登録してパターンを作る
- □ パターンを編集する
- □ パターンをオブジェクトに適用する

STEP 0　完成を確認する

パターンを活用して、スカートをチェックのパターンにしてみましょう。

図1 5-4.ai　　図2 5-4-finish.ai

 パターンはデザインのワンポイントとして使っても素敵に見えます。シンプルな形でいろいろなパターンが作れるので、ぜひ工夫してみてくださいね。

STEP 1　データを開き [スウォッチ] パネルを表示する

練習データ「5-4.ai」を開きます。
[ウィンドウ] メニュー→ [スウォッチ] で [スウォッチ] パネルを開きます❶。
練習データではスカートのオブジェクトのみが選択できるようになっているので、スカートに柄を付けていきます。

STEP 2 パターン用の図形を作る①

[長方形] ツール ■ で、図のようにL字状に2つの長方形を配置します❷。色や大きさは後から変更できるので自由ですが、スカートの部分に適用することを考えて、画面を拡大して小さめに作っておくとよいでしょう。

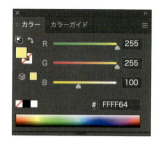

> 参考カラー
> （黄）............... R：255　G：255　B：100
> （青）............... R：100　G：255　B：255

STEP 3 パターン用の図形を作る②

前面のオブジェクト（水色）を選択します❸。[ウィンドウ] メニュー→ [透明] で [透明] パネルを開き❹、描画モードを [乗算] にします❺。色がかけ合わされ、重なったところが黄緑になります。

STEP 4 L字を [スウォッチ] パネルへドラッグして登録する

L字のオブジェクトを [スウォッチ] パネルへドラッグ＆ドロップします❻。「パターンスウォッチ」として登録されます。

❻ ドラッグ＆ドロップ

STEP 5 パターンを使用する

スカートのグレーのオブジェクトを選択して❼、登録したパターンスウォッチをクリックします❽。スウォッチをクリックすると、パターンが適用できます。

STEP 6　パターンを編集する①

［スウォッチ］パネルでパターンスウォッチをダブルクリックするとパターン編集モードになります❾。
中心にパターンがクローズアップされ、［パターンオプション］パネルが開きます❿。

STEP 7　パターンを編集する②

［パターンオプション］パネルで［オブジェクトにタイルサイズを合わせる］にチェックを入れます⓫。L字状オブジェクトの色や大きさを編集します。また、［長方形］ツールで白い正方形を作成してL字の最背面に移動し、下が透けないようにします⓬。

> **memo**
> ［オブジェクトにタイルサイズを合わせる］は、パターン側のオブジェクトサイズを変更しても、隙間を空けずにパターンを自動でつなげる機能です。

STEP 8　編集画面を終了する

何もないところをダブルクリックするか、上部の［○完了］ボタン、または esc で編集モードを終了します⓭。最後にパターンの元のL字のオブジェクトを削除して完成です。

 パターンだけに角度をつけたいときは？

チェックの模様だけに対して角度をつけたいときは、右クリックして［変形］→［回転］を選択します。［回転］ダイアログが表示されたら、［オブジェクトの変形］のチェックを外して、［パターンの変形］のみをチェックして［角度］に任意の数値を入力します。

図3 パターンの変形

章末問題　ロゴに色と背景を付けよう

素材データのモノクロのロゴに対して、「自然・ナチュラル」をテーマにした色やパターンを設定してください。

> **制作条件**　　　　　　　　　　　　　　　　　演習データフォルダ >> 05 - drill
> - 用意されたデータ（05-drillMaterial.ai）を使用する
> - ロゴの色は最大3色程度にし、すべてを「グローバルスウォッチ」として登録する
> - 四角形のパターンを作成して背景に適用する

素材データ >> 05 - drillMaterial.ai

作例データ >> 05 - drilSample.ai

アドバイス

背景のパターンは薄めの色で長方形のオブジェクトをパターンにして登録し、アートボードと同じサイズの長方形に適用します。一度登録した四角形のパターンを編集するときに［パターンオプション］パネル→［オブジェクトにタイルサイズを合わせる］のチェックを外してから四角形のオブジェクトを少し小さくすると、隙間を利用して白い格子が簡単に作れます 図1 。

図1 ［パターンオプション］パネルの設定

Chapter

6

いろいろな線を描こう

このChapterでは、[ペン] ツールを中心に、
[鉛筆] ツール、[ブラシ] ツールを紹介します。
イラストはもちろん、地図やロゴなど、
入り組んだ形状も「線」を自由に操作することで
思い通りのものが作れます。

Chapter 6 　授業

Illustratorで絵を描きたい！

[鉛筆]ツールと[ブラシ]ツールの使い方や、それらを使いこなすために重要な「パス」について理解しましょう。

Illustratorで絵を描く3つの方法

Illustratorで絵を描くテクニックはいろいろありますが、ツールだけで考えると、大きく分けて次の3つの方法があります。

1. 基本の図形ツールを組み合わせて絵を「作る」
2. [鉛筆]ツールや[ブラシ]ツールで絵を描く
3. [ペン]ツールで絵を描く

1はすでにChapter3で紹介したテクニックです。このChapterでは、2と3について紹介します。

自分にとって馴染むツールは人それぞれです。まずは一通り実際に触れてみて、自分に合うツールを探してみてくださいね。

ドラッグ操作で手軽に描ける
[鉛筆]ツール＆[ブラシ]ツール

[鉛筆]ツールと[ブラシ]ツールはどちらもドラッグで線を描くツールで、両者の操作感は似ていますが、使える機能やタッチに違いがあります。

[鉛筆]ツールは線の色と太さを調整でき、均一な線が描けるのが特徴です。[鉛筆]ツールのツールアイコンをダブルクリックすると軌跡の再現度などを調整することもできます。

[ブラシ]ツールはブラシの種類や、それらに応じた詳細設定をカスタムして使用します。ブラシの種類は次の5種類あります。

図1 [鉛筆]ツールと[ブラシ]ツールのタッチの違い

- カリグラフィブラシ
- アートブラシ
- パターンブラシ
- 絵筆ブラシ
- 散布ブラシ

[ブラシ]パネルには、散布ブラシ以外のブラシについてはプリセット（初期設定）が用意されているので、試しに丸や四角形を描いてみると楽しいです。ブラシの種類によってはインパクトや味わいのあるタッチが実現できます。

[ブラシ]ツール以外のツールで書いた線にも、後からブラシを設定できます。たとえば、[楕円形]ツールで描いた丸に絵筆調のブラシを設定すれば筆文字の丸印のような、インパクトのある表現が可能です。

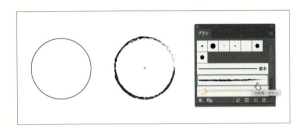

図2 [楕円形]ツールで描いた円に[木炭画-ぼかし]のブラシを追加

[ペン]ツールで「パス」を学ぼう

このChapterの後半では、[ペン]ツールを紹介します。[ペン]ツールが使えるようになると、イラストだけでなく、デザインやロゴ制作などにも必ず役立つので、学校の課題や趣味はもちろん、仕事のスキルにも活かせます。

[ペン]ツールを理解することは、「パス」を理解することに繋がります。「パス」とは、Illustratorのオブジェクトを構成するベクター（ベジェ曲線）の要素のことです。「パス」がわかれば、正確な線を描けるだけでなく、[ブラシ]ツールや[鉛筆]ツールで描いたパスも的確に修正できるようになります。

「パス」の3要素

Illustratorは点と点を結んだ「パス」によって美しい線を描きます。パスは以下の3つの要素で構成されています 図3 。

- アンカーポイント…点
- ハンドル（方向線）… アンカーポイント上で形状を操作する補助線。ハンドルの先をコントロールポイント（制御点）と呼ぶ
- セグメント…点と点を結ぶ線

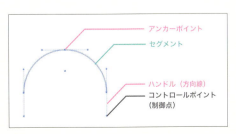

図3 パスの3要素

Illustratorのベクターデータは、こうした連続したパスが形を作っています。これを「ベジェ（曲線）」とも呼びます。たとえばChapter3で紹介した長方形や楕円なども、すべてパスで構成されています。

パスを理解することで、ゼロから線を描くことはもちろん、ツールを使って作った形にアレンジを加えることもできるようになります。

○「アンカーポイント」を見てみよう

Illustratorで描いた円を［ダイレクト選択］ツールでクリックすると、アンカーポイントやハンドルが表示されます。アンカーポイントやハンドルが見えることで、すべての形がパスで構成されていることがわかりますね 図4 。

このChapterではパスを描いたり編集したりする方法を紹介しますが、パスの編集とは、フリーハンドで絵を描くというよりは、**アンカーポイントの位置やハンドルの長さ・角度を操作してセグメントの形状を変える作業**だということを覚えておきましょう。

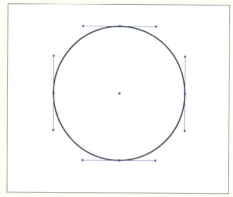

図4 円のアンカーポイントとハンドル

> **memo**
> 初期設定では、 図4 のようにすべてのハンドルは表示されません。図と同じ表示にしたい場合は［Illustrator］→［設定］（Windowsの場合、［編集］メニュー→［環境設定］）→［選択範囲・アンカー表示］の［選択ツールおよびシェイプツールでアンカーポイントを表示］と［複数アンカーを選択時にハンドルを表示］を選択します。

 はじめに知っておきたい
「オープンパス」と「クローズパス」

パスには2種類の状態があります。

- オープンパス…始点と終点が繋がっていないパス
- クローズパス…始点と終点が繋がっているパス

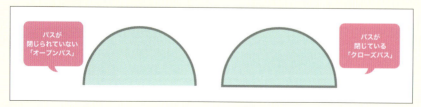

図5 オープンパスとクローズパス

オープンパスは途切れているため、「線」を設定しても繋がりが途切れた部分が存在します。一方、クローズパスは輪になっているので、線がパス全体を縁取り、また塗りも適用しやすくなります 図5 。

| 練習用データ >> 6 - 01 |

Chapter 6　実習

Lesson 01　[ブラシ] ツールで絵を描こう

[ブラシ] ツールを使ってフリーハンドで線を描く方法を紹介します。ブラシの種類を変えると質感のある線が描けます。

このレッスンでやること
- [ブラシ] ツールで線を描く
- ブラシの太さ・種類を設定する
- [消しゴム] ツールで線を消す

STEP 0　完成を確認する

[ブラシ] ツールで見本の破線をなぞっていきましょう。⌘（Ctrl）+ Z で何度でもやり直せるので、失敗しても大丈夫です。

素材

図1 6-1.ai

完成

図2 6-1-finish.ai

STEP 1　データを開いてレイヤーを確認する

練習データ「6-1.ai」を開いて、[作業用] レイヤーを選択します❶。

STEP 2　ブラシの太さを変更する

[ブラシ] ツール 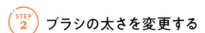 を選択します❷。[プロパティ] パネルの [アピアランス] の [線] に「4px」と入力して線幅を変更します（もしくは [線] パネルからの操作でもOK）❸。

109

STEP 3 [ブラシ] ツールで線を描く

アートボード上をドラッグするとマウスの軌跡に沿って線が描かれます❹。

> **memo**
> 「線」の色が「なし」（赤い斜線）になっている場合は、ツールパネルの下部の［線］ボックスから線の色を設定してください。

STEP 4 [消しゴム] ツールで線を消す

はみ出した部分や隙間を空けたい部分などは［消しゴム］ツール で消します❺。消したい線の上をドラッグすると線が消えます❻。

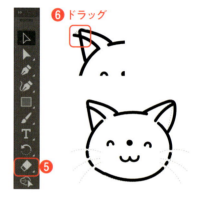

> **memo**
> 消しゴムのサイズを変えるには、［消しゴム］ツールをダブルクリックして［消しゴムツールオプション］を表示し、［サイズ］の数値を調整します。

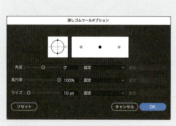

図3 消しゴムツールオプション

STEP 5 [ブラシ] パネルからブラシを変更する

［プロパティ］パネルの［ブラシ］の［3pt丸筆］をクリックすると、［ブラシ］パネルが開きます（［ウィンドウ］メニュー→［ブラシ］パネルでもOK）❼。［木炭画-鉛筆］を選択します❽。

線幅を変更する

［プロパティ］パネルの［アピアランス］の［線］に「2px」と入力し❾、猫のヒゲを描きます❿。

> **memo**
> 単位が異なる場合は、［Illustrator（Photoshop）］メニュー→［設定］（Windowsでは、［編集］メニュー→［環境設定］）→［単位］→［線］を「ピクセル」に変更してください。

［下書き］レイヤーを非表示にする

［レイヤー］パネルで［下書き］レイヤーを非表示にして完成です⓫。

Chapter 6　実習

| 練習用データ >> 6-02 |

Lesson 02　[塗りブラシ] ツールで色を塗ろう

［塗りブラシ］ツールは、塗り絵の感覚で色を塗ることができ、楽しさが広がるツールです。Illustratorで塗り絵をしてみましょう。

このレッスンでやること
- [塗りブラシ] ツールで色を塗る
- [ブラシ] ツールと [塗りブラシ] ツールの違いを学ぶ

STEP 0　完成を確認する

色を塗る方法はいくつかありますが、［塗りブラシ］ツールは直感的に操作できておすすめです。［ブラシ］ツールと同じところ、違うところも意識してみてください。

図1 6-2.ai　　図2 6-2-finish.ai

STEP 1　データを開いて準備をする

練習データ「6-2.ai」を開きます。
［表示］メニュー→［透明グリッドを表示］を選択します❶。背景が市松模様状になりました。この状態になっている部分は出力すると透明になります。
［レイヤー］パネルから［作業用］レイヤーを選択します❷。

> memo
> 白色を塗るために背景を透明にしています。

STEP 2　[塗りブラシ] ツールと太さを選択する

[ブラシ] ツール を長押しして [塗りブラシ] ツール を選びます❸。[塗りブラシ] ツールをダブルクリックして [塗りブラシツールオプション] を開き❹、[サイズ] に「21pt」と入力して [OK] ボタンをクリックしブラシの太さを設定します❺。

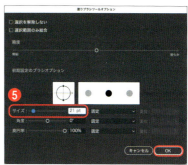

STEP 3　「線」の色を設定する

ツールパネルの下部の [線] ボックスをクリックして線の色を設定します❻。はじめは白を設定します。

参考カラー
（白）................R：255　G：255　B：255

STEP 4　色を塗って「塗り」になっていることを確認する

アートボード上をクリック＆ドラッグすると軌跡が描かれます。手を離すと、その軌跡が自動的に「塗り」に変化します❼。

STEP 5　ブラシの色を変更する

白が塗れたら手順❻を参考にブラシの色を変えて茶色を加え❽、最後に［楕円形］ツールでピンク色の円を描いて❾、複製して両方の頬に配置します❿。

> 参考カラー
> （茶）..............R：142　G：114　B：91
> （ピンク）........R：219　G：180　B：196

STEP 6　［消しゴム］ツールで「塗り」を消す

茶色がはみ出した場合は、［消しゴム］ツール  で削ります⓫。

> **memo**
> ［表示］メニュー→［透明グリッドを隠す］を選択して表示を元に戻せます。

Chapter 6　実習

| 練習用データ >> 6-03 |

Lesson 03 ［ペン］ツールで直線&ジグザグの線を描こう

ここからは［ペン］ツールの登場です。まずは［ペン］ツールを触ってみましょう。
直線とジグザグの線を見本に沿って描いてみます。

このレッスンでやること
- ［ペン］ツールに触れる
- 直線や直角の線を描く
- 線の色と太さを変える

STEP 0　完成を確認する

シンプルな線からはじめて、［ペン］ツールの基本操作に慣れていきましょう。

素材

完成

図1　6-3.ai　　　図2　6-3-finish.ai

STEP 1　データを開いて準備をする

練習データ「6-3.ai」を開き、［レイヤー］パネルで［作業用］レイヤーを選択します❶。

ツールパネルから［ペン］ツール  を選びます❷。

> **memo**
> 画面の移動は space ＋ドラッグで行います。拡大・縮小も適宜おこなってください（P.26参照）。

115

STEP 2 「塗り」を「なし」にする

ツールパネルで［塗り］ボックスをクリックして前面にし❸、［なし］（斜線アイコン）をクリックして「塗り」を「なし」にします❹。「線」は黒のままにします。

> **memo**
> 左上の「塗り」と「線」の小さなアイコンをクリックすると初期設定の「塗り：白／線：黒」に戻せます。

STEP 3 線の太さを設定する

［プロパティ］パネルの［線］から、もしくは［ウィンドウ］メニュー→［線］をクリックして［線］パネルを表示し、線の太さを「10px」に設定します❺。

STEP 4 直線を描く

始点をクリックしてアンカーポイントを打ちます❻。shiftを押しながら、終点をクリックしてアンカーポイントをもうひとつ打ちます❼。アンカーポイント同士が「セグメント」になり、直線が描けました。
escまたはreturn（Enter）を押し、描画を終了します❽。

❼ shift ＋クリック

❽ esc または return（Enter）を押す

STEP 5 ギザギザの線を描く

アートボード上の①②③…を繰り返してクリックし、見本に合わせて連続したアンカーポイントを打ちます❾❿。最後に［選択］ツール に切り替えてパスの描画を終了します⓫。

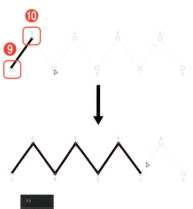

> **memo**
> ［ペン］ツールでパスを終了する方法は次の通りです。
>
> 1. ［選択］ツールなど、ほかのツールに切り替える
> 2. esc または return（Enter）を押す
> 3. ⌘（Ctrl）＋何もないところをクリックする
>
> 2や3の方法は、［ペン］ツールを継続したままパスを終了できるので、連続して線を描くときに便利です。

116　Lesson 03　［ペン］ツールで直線&ジグザグの線を描こう

| Chapter 6　実習 |　　　　　　　　　　　　　　　　　　　　| 練習用データ » 6 - 04 |

Lesson 04　いろいろな曲線を描こう

［ペン］ツールで曲線を描いてみましょう。ここでは3種類の曲線パターンを練習します。

このレッスンでやること
- □ 曲線を描く　□ トレースする
- □ ハンドルの有無や操作に慣れる

STEP 0　完成を確認する

練習ファイルを下敷きに、3種類の曲線を描いていきます。まずは3パターンの描画方法と、形の違いを学びましょう。実際の曲線はこの操作の連続です。慣れてきたら複雑な線にもトライしてみてください。

図1 6-4.ai　　　　　図2 6-4-finish.ai

STEP 1　データを開いて準備をする

練習データ「6-4.ai」を開き、［作業用］レイヤーを選択します❶。
ツールパネルから［ペン］ツール を選びます❷。

STEP 2　「塗り」を「なし」にして線の太さを設定する

ツールパネルで［塗り］ボックスを前面にして「なし」にします❸。線は黒のままで構いません。
［線］パネルで太さを「10px」に設定します❹。準備ができたら、3つの曲線のパターンを練習します。

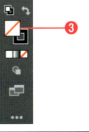

STEP 3 曲線①を描く

始点はクリックのみ、終点でドラッグする曲線を描きます。

- 始点：クリックする
  アートボード上の①をクリックしてアンカーポイントを打ちます❺。

- 終点：クリック&ドラッグする
  アートボード上の②をクリックし、ドラッグしてハンドルを引き出します❻。下方向にドラッグするとセグメントが曲がります。
  ［選択］ツールなどに切り替えて描画を終了します❼。

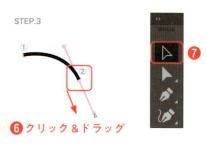

STEP 4 曲線②を描く

始点でハンドルを引き出す曲線を描きます。

- 始点：クリック&ドラッグする
  アートボード上の①をクリックし、ドラッグして最初からハンドルを出します❽。

- 終点：クリック&ドラッグする
  アートボード上の②をクリックし、ドラッグしてハンドルを引き出します❾。［選択］ツールなどに切り替えて描画を終了します❿。

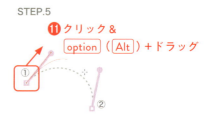

STEP 5 曲線③を描く

非対称なハンドル&片側ハンドルを折る曲線を描きます。

- 始点：option（Alt）＋ドラッグする
  アートボード上の①をクリックしてドラッグ中にoption（Alt）を押すと、ハンドルが片方だけ伸びます⓫。

- 終点：ドラッグ後、再度クリックする
  アートボード上の②でクリック&ドラッグしてハンドルを出し⓬、一度手を離します。もう一度アンカーポイント上でクリックすると片方のハンドルが消せます⓭。
  ［選択］ツールなどに切り替えて描画を終了します⓮。

| 練習用データ >> 6-05 |

Chapter 6　実習

Lesson 05 アルファベットを描こう

［ペン］ツールでアルファベットをトレースしながら、直線・曲線の組み合わせやハンドル操作に慣れましょう。

このレッスンでやること
☐ 形をトレースする

STEP 0　完成を確認する

オリジナルのロゴや文字をデザインする際に欠かせない作業です。慣れてきたら、漢字やひらがなにもトライしてみてください。

図1 6-5.ai　　　　図2 6-5-finish.ai

STEP 1　データを開いて準備をする

練習データ「6-5.ai」を開き、［作業用］レイヤーを選択します❶。
［ペン］ツール 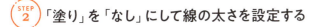 を選びます❷。

STEP 2　「塗り」を「なし」にして線の太さを設定する

［塗り］ボックスを前面にし、「なし」にします❸。［線］パネルで［線幅］を「10px」に設定します❹。

119

STEP 3　「A」を描く

「A」は直線だけなので、クリック操作だけで描けます。水平線は shift を押しながらクリックして描きます❺。

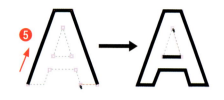

> **memo**
> 「A」の内側と外側は別々のオブジェクトの状態で、文字として利用するにはやや不便です。こういった場合は両方を選択して［オブジェクト］メニュー→［複合パス］→［作成］や、［パスファインダー］（P.178参照）機能の［前面オブジェクトで型抜き］で、穴の空いたひとつのオブジェクトの状態にします。

STEP 4　「C」を描く

「C」は曲線と直線の混合です。直線部分はクリックでアンカーポイントを打ち❻、曲線部分はドラッグします❼。曲線から直線になる部分は、アンカーポイント上でクリックしてハンドルを消してから次のアンカーポイントをクリック（曲線の場合はドラッグ）します❽。

> **memo**
> 描画を終了した後にもう一度続きから描くには、［ペン］ツールを選択した状態で、続けて描きたいパスのアンカーポイントをクリックします。そのまま別の場所をクリックまたはドラッグすれば続きを描けます。また、クリック&ドラッグすればハンドルが引き出せます。ハンドルがあるかどうかで形が変わるので、まずはアンカーポイントの上でクリック&ドラッグしてみましょう。

MINI COLUMN

［ペン］ツールできれいな線がうまく描けないときは

　きれいな線を描くには、なるべく少ないアンカーポイントで描くのがコツです。特に曲線を描く場合、アンカーポイントが少ないほど美しい線になります。たくさんのアンカーポイントを打つ代わりに、ハンドルをうまく使って形を調整することを意識してください。

　練習の仕方という観点では、好きなロゴやイラストを用意して、［ファイル］メニュー→［配置］をクリックして下敷きにし、それをトレースしてみるのがおすすめです。

　慣れないうちは ⌘（ Ctrl ）+ Z でやり直したり、delete でパスを削除して描き直すことも大事です。一度で完璧に描こうとせず、少しずつ慣れていきましょう。

STEP 5　「S」を描く

「S」はカーブが多く、ハンドル操作が難しい文字です。ハンドルの長さ・角度を意識して美しいカーブに整えます。

- ❾では、クリック＋ shift ドラッグで水平・垂直にハンドルを出して曲線を描きます。
- ❿では、shift を押さずにドラッグ操作で斜めにハンドルを出し、ゆるやかなカーブを描きます。
- ⓫のアンカーポイントはハンドルを短めにします。角のところでは「C」と同じように、2回クリックします。
- ⓬では「C」と同じように2回クリックしてハンドルを削除して直線を描いてから、それぞれクリック＋ shift ＋下・右・上へドラッグします。
- ⓭⓮も shift ＋上・右で短めのハンドルを伸ばし、セグメントをつなげて一周させます。

memo

描き終わったら「線」を「なし」にして「塗り」を付け、仕上がりを確認するのがおすすめです。線のみのときと印象が変わるので、太さのムラなどに気が付きやすいですよ。

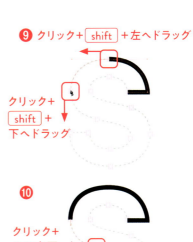

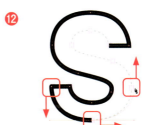

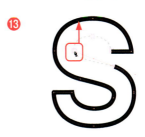

| Chapter 6　実習 |　　　　　　　　　　　　　　　| 練習用データ >> 6-06 |

Lesson 06 形を修正しよう

パスの修正にトライしましょう。アンカーポイントやハンドルを操作して微調整することで、思い通りの形に近づけられます。

このレッスンでやること
☐ トレースした形を修正する

STEP 0　完成を確認する

丸を変形させて、万年筆のペン先のアイコンを作ります。一発で美しい形を描けるのが理想ですが、実際は試行錯誤の連続です。はじめは十分に時間をかけてパスの修正に取り組んでみてください。

図1 6-6.ai　　　　　　　図2 6-6-finish.ai

STEP 1　データを開いてレイヤーを確認する

練習データ「6-6.ai」を開き、[作業用] レイヤーを選択します❶。

STEP 2　[ダイレクト選択] ツールでアンカーポイントを選ぶ

[ダイレクト選択] ツール 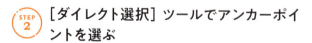 でアンカーポイントをクリックすると、そのポイントが選択され、ハンドルが表示されます❷。

| STEP 3 | アンカーポイントやハンドルをドラッグして形を変える |

選択状態のアンカーポイントやハンドルをドラッグして位置や角度を調整できます。矢印キーでも微調整可能です。円の上のアンカーポイントだけを選択して上に伸ばし、卵型にします❸。

| STEP 4 | 角を作る／丸くする：[アンカーポイント]ツールを使う |

[アンカーポイント]ツール を選択します❹。上に伸ばしたアンカーポイントを[アンカーポイント]ツールでクリックして雫型にしましょう❺。

| STEP 5 | 複雑な線にする：アンカーポイントを追加する |

[ペン]ツール でセグメント上をクリックするとアンカーポイントが増えます。円の下のアンカーポイントの両側にアンカーポイントを増やします❻。増やした両側のアンカーポイントのハンドルを垂直にし、ペン先の下の部分を作成します❼。

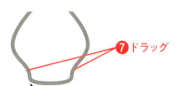

memo

[アンカーポイントの追加]ツール でも同じ操作ができます。アンカーポイントを増やすことで複雑な線になります。逆に[アンカーポイントの削除]ツール はアンカーポイントを減らしてシンプルなセグメントになります。[アンカーポイントの追加（削除）]ツールは、[すべてのツール]から追加できます（P.24参照）。

| STEP 6 | 形を組み合わせる |

作成したペン先と、ペン先の中央を合わせて完成です❽。

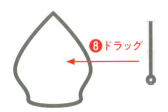

Chapter 6　いろいろな線を描こう

123

章末問題 イラストをトレースしよう

素材データの下描きを使ってイラストをトレースし、[ペン] ツールや [ブラシ] ツールを使って色を塗りましょう。

制作条件　　　　　　　　　　　　　　　演習データフォルダ >> 06 - drill
- 用意されたデータ（06-drillMaterial.ai）を使用する
- [線画] 用のレイヤーを作成して [ペン] ツールでイラストをトレースする
- [塗り] 用のレイヤーを作成して任意のツールで彩色する

素材データ >> 06 - drillMaterial.ai

作例データ >> 06 - drilSample.ai

アドバイス

「レイヤー」の復習をしながらトレースしてください。パス操作に慣れて、「線」と「塗り」を扱えるようになりましょう。

作例データを開いて確認・参照するときは [ダイレクト選択] ツールでドラッグしたり、アンカーポイントをクリックしたりして、セグメントに対してパスの位置やハンドルの角度、長さがどのようになっているのかを観察し、それを再現できるようになりましょう。必要に応じてレイヤー（例：影、ハイライト）を追加してもOKです。

Chapter

7

文字を入力&
デザインしよう

このChapterでは文字の入力や装飾に関する
テクニックを紹介します。文字をしっかり扱えるようになると、
デザイン力がぐんと向上しますよ。
「Adobe Fonts」は、さまざまなフォントを
追加料金なしで試せるので、ぜひ使ってみてください。

Chapter 7　授業

Illustratorで文字を扱おう

文字の形状をデジタルデータとして扱えるようにした「フォント」や、フォントの配置や間隔、行揃えなどを決める「文字組み」で、デザインの印象は大きく変わります。Illustratorには文字を扱うパネルやメニューがたくさんありますが、ここでははじめに覚えておきたい要点を解説していきます。

書体とフォント

書体とフォントは混同されがちですが、「書体（しょたい）」とは、ある共通のコンセプトで作られ、同じ印象を持つ文字の集まりのことです。それぞれ「明朝体」や「ゴシック体」などに分類することができます。これに対して、「フォント」はデジタルデータの書体のことを指します。

● 和文フォントと欧文フォント

フォントには、日本語の漢字・かなとそれに伴う英数字が収録されている「和文フォント」やひらがな、カタカナのみの「かなフォント」、英数字のみの「欧文フォント」があります。

この和文フォントと欧文フォントを混ぜて使う場合は、同じフォントサイズであっても実際の大きさや基準の位置が異なるので、全体のバランスに気を付けなくてはいけません。

そこで、欧文側の大きさ（フォントサイズ）を整えたり「ベースラインシフト」と呼ばれる機能を使って文字の位置を上げ・下げしたりする必要があります。調整にはひと工夫が必要ですが、たとえば伝統的な欧文フォントと現代的な和文フォントを組み合わせると、より新しい印象を与えることができるなど、デザイナーの腕の見せどころと言ってよいでしょう。

● フォントの分類と使い方のコツ

さて、そんなフォント（書体）の分類ですが、まずは「ゴシック体（和文）／サンセリフ体（欧文）」「明朝体（和文）／ローマン体・セリフ体（欧文）」の2つを知っておきましょう。

「ゴシック体／サンセリフ体」

ヒゲやウロコと呼ばれる飾りがなく、線の太さは均一な傾向にあります。遠目からでも可読性や視認性に優れており、公共のサインなどにも幅広く使用されています。

「セリフ」とはヒゲやウロコのことで、「サン」はフランス語で「無い」という意味。つまり、「セリフがない書体」を意味します。

ゴシック体		サンセリフ体	
ある日の暮方の事である。	・ヒラギノ角ゴシック	Shall I compare thee to a summer's day?	・Futura
ある日の暮方の事である。	・小塚ゴシック	Shall I compare thee to a summer's day?	・Helvetica
ある日の暮方の事である。	・游ゴシック	Shall I compare thee to a summer's day?	・DIN

図1　ゴシック体／サンセリフ体

「明朝体／ローマン体・セリフ体」

　ヒゲやウロコと呼ばれる飾りがあります。線の太さに緩急があり、横線に比べて縦線が太く調整されています。こうした特徴から、伝統や品格を感じさせます。

　書体（フォント）の種類にはそのほかにも多数あり、楷書体や筆記体、筆文字や手書き風のフォントなど、世界中のフォントデザイナーによってさまざまなフォントが作られています。Lesson03で紹介するAdobe Fontsを利用すれば、用途や雰囲気に合った多種多様なフォントを気軽に試せるので、デザインの幅も大きく広がります。

明朝体		セリフ体／ローマン体	
ある日の暮方の事である。	・ヒラギノ明朝	Shall I compare thee to a summer's day?	・Times
ある日の暮方の事である。	・小塚明朝	Shall I compare thee to a summer's day?	・Garamond
ある日の暮方の事である。	・游明朝体	Shall I compare thee to a summer's day?	・Rockwell

図2 明朝体／ローマン体・セリフ体

フォントのファミリーと「ウェイト」を活用しよう

　1種類の文字の骨格に対して、異なる太さの「ウェイト」が複数存在するフォントがあります。こうしたウェイトをまとめたものを「ファミリー」と呼びます。

　あらかじめウェイトの多いフォントファミリーを選ぶことで、ウェイトの差で情報の順序付けや差別化ができるようになります。たとえば太いウェイトで見出しを目立たせたり、やや細いウェイトで本文を読みやすくしたり、といった具合です。

Noto Sans JP

吾輩（わがはい）は	・Thin
吾輩（わがはい）は	・Light
吾輩（わがはい）は	・Regular
吾輩（わがはい）は	・Medium
吾輩（わがはい）は	・Bold
吾輩（わがはい）は	・Black

図3 フォントファミリー

文字同士の間隔を調整しよう

　読みやすい文字組を実現するには、文字をただ打つだけではなく、［文字］パネルで「カーニング」や「トラッキング」といった個別の調整機能が必要な場面もあります。

カーニング

　隣同士の文字の間隔を個別に微調整する機能です。ロゴやタイトルなど、特定の文字同士のバランスを整えたい場合に活躍します。

　一部のフォントでは、カーニング情報がもともと組み込まれており、対象のフォントを使用しているときにカーニングを「メトリクス」にすると、文字の形状に合わせた自動調整（プロポーショナルメトリクス）が行われます。これにより、手動での細かい調整が不要になる場合もありますが、デザインに合わせて微調整したいときは手動の変更も可能です。

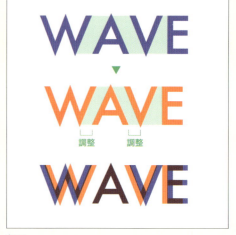

図4 カーニング

トラッキング

　選択したテキスト全体の文字間隔を均一に調整する機能です。文章全体の見た目を整えたいときに使います。

　プラスの数値のほかにマイナスの数値を入力すると文字同士の間隔が詰まります。

北十字とプリオシン海岸	200
北十字とプリオシン海岸	0
北十字とプリオシン海岸	-100

図5 トラッキング

　このChapterでは、文字の入力から編集、フォントの変更や文字装飾、パス上への配置、そしてアウトライン化まで、Illustratorで文字を扱うための基本テクニックを学びます。どのテクニックも最終的なレイアウトや印象づくりに直結します。テクニックを習得できたら、デザインの狙いに合わせて表現を工夫してみてください。

 Adobe Fontsを使おう

　よいフォントはデザインを高めてくれる重要な存在ですが、開発コストがかかる分、高額になる傾向があります。そこでLesson02で紹介している「Adobe Fonts」のWebサービスを活用しましょう。Adobeのユーザであれば追加料金無しで豊富なフォントが利用できます。伝統的なものから、Adobe Fontsだけで利用できるものまでさまざまです 図6 。

- 百千鳥 VF
  https://fonts.adobe.com/fonts/momochidori-variable

図6 Adobe Fonts「百千鳥 VF」

MINI COLUMN　Adobe Fontsからアクティベートしたフォントはずっと使えるわけではない

　Adobe FontsはCreative Cloudのライセンスが失効すると利用できなくなります。また、フォントのラインナップが変動する可能性もあり、永続的に利用できるわけではない点には注意が必要です。

　フォントデータが失われると、ドキュメント上の文字の表示がおかしくなってしまうこともあります 図7 。

図7 フォントが見つからず崩れている例

　そこで、長期間データを保管しておきたい場合には［アウトラインを作成］を実行して、フォントの情報を破棄して形だけを残しておくのも方法のひとつです。その方法はLesson08で紹介します。

たくさんのフォントがあって迷うのですが、どのフォントを選べばいいのでしょうか？

場に合った服を選ぶ「ドレスコード」があるように、場にあったフォントを意識してみましょう。たとえば注意を促すポスターを作るとして、細くて上品な明朝体では逆に弱々しく、力不足な印象がありますよね。こういったときは太めのゴシック体を使って、遠目からもハッキリと見えるようにしていきます。
私たちが印刷・表示された文字を目にしない日はありません。こうした文字を見るときに、なぜこのフォントを使ってるんだろう？と考え、制作者の意図を逆算して仮説を考える訓練をしてみると、「フォントのドレスコード」が少しずつ言語化できるようになってきますよ。もちろん実際にたくさんのフォントを見て、"しっかりと迷う"ことも大切です。PCの前でフォントを選ぶときには、複数の候補のリストを作ってから、これだ！（なぜなら…）と思うものを採用しましょう。

| Chapter 7　実習 |　　　　　　　　　　　　| 練習用データ >> 7 - 01 |

Lesson 01　文字を入力しよう

文字の入力に関する基本操作を学びます。［文字］ツールを使ってアートボード上で文字を入力する手順を確認しましょう。

このレッスンでやること
- ［文字］ツールで文字を入力・改行する
- テキストオブジェクトの移動・配置を学ぶ

STEP 0　完成を確認する

このChapterでは同じドキュメントをLessonごとにアップデートしていきます。まずは新しくドキュメントを作りましょう！

Happy
バレンタイン

図1　7-1-finish.ai

STEP 1　新規ドキュメントを制作する

［ファイル］メニュー→［新規］をクリックし、［新規ドキュメント］ウィンドウを開きます。［Web］→［空のドキュメントプリセット］の中から［共通項目（1366×768px）］を選択して❶［作成］ボタンを押します❷。ドキュメントが作成されます。

STEP 2 文字を入力する

ツールパネルで［文字］ツール 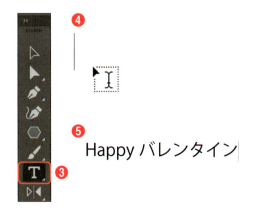 を選びます❸。アートボード上の任意の場所をクリックすると、文字入力用のカーソルが点滅するので❹「Happyバレンタイン」と入力します❺。

STEP 3 改行を入れる

文中で return（Enter）を押すと改行できます。「Happy」と「バレンタイン」の間に改行を入れます❻。

STEP 4 位置と大きさを調整する

ツールパネルから［選択］ツール を選び❼、テキストオブジェクトを選びます❽。
バウンディングボックスを調整して文字を大きくします❾。
テキストオブジェクトをドラッグして、画面中央へ移動します❿。
最後にドキュメントを保存します。

memo
テキストツールを解除して移動などの別の動作に移るには、
1．別のツールへの持ち替え
2．esc を押す
3．⌘（Ctrl）+ return（Enter）を押す
などの方法があります。

| 練習用データ >> 7-02 |

Chapter 7　実習

Lesson 02　Adobe Fontsでフォントを選んで使おう

Adobe Fontsからフォントをアクティベート（有効化）し、Illustratorで使用する方法を学びます。文字の印象をガラッと変えましょう。

このレッスンでやること
☐ Adobe Fontsでフォントを選ぶ　☐ Illustrator内でフォントを適用する

STEP 0　完成を確認する

前のLessonで作成した文字にフォントを適用します。コンピュータに入っていないフォントであっても、Adobe Fontsが提供しているフォントであれば有効化してすぐに利用できます。

Happy
バレンタイン

図1　7-2-finish.ai

STEP 1　Adobe Fontsにアクセスする

Lesson01で作成したドキュメントを開いておきます❶。
［書式］メニュー→［Adobe Fontsから追加］を選択します❷。以下のWebサイトが立ち上がります。

• Adobe Fonts
https://fonts.adobe.com/

> **memo**
> 環境によってはAdobe IDとパスワードによるログインが求められます。

STEP 2 フォントを検索・アクティベートする

フォント名「AB-j_gu」を検索します❸。太めのデザインフォントが表示されます。

[ファミリーを追加]をクリックすると、フォントのアクティベート（有効化）が開始されます❹。

アクティベートが完了したら[OK]ボタンをクリックします❺。

> **memo**
> Adobe Fonts側でフォントの提供が停止・変更になる場合もあります。その場合は別のフォントを使用してください。

> **memo**
> フォント：AB J グー
> （https://fonts.adobe.com/fonts/ab-j-gu）

STEP 3 Illustratorでフォントを反映する

Illustratorに戻り、文字を選択した状態で[文字]パネルや[プロパティ]パネルからフォント名を選びます。

[文字]パネルのフォント名の表示をクリックすると、アクティベート済みのフォントがリストに表示されます❻。「AB-j_gu」を選択するとフォントが切り替わります❼。

| Chapter 7　実習 　　　　　　　　　　　　　練習用データ >> 7-03 |

Lesson 03　サイズと行間を調整して中央に寄せよう

フォントサイズや行揃え、行間を調整して、文字組みを整えます。文字の配置を整えることでデザイン性や可読性が向上します。

このレッスンでやること
☐ フォントサイズの変更　☐ 行揃え・行間などの段落設定

STEP 0　完成を確認する

揃え位置や行同士、文字同士の間隔、文字のサイズを整えてタイトルらしくしていきましょう。

Happy
バレンタイン

図1　7-3-finish.ai

STEP 1　フォントサイズを変更する

［プロパティ］パネルか、［ウィンドウ］メニュー→［書式］→［文字］で［文字］パネルを表示します❶。
文字を選択し、［フォントサイズ］を「100pt」に変更します❷。

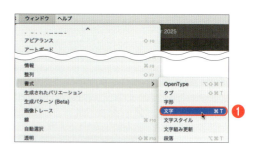

STEP 2　行揃えを設定する

［プロパティ］パネルか、［ウィンドウ］メニュー→［書式］→［段落］で［段落］パネルを表示します（パネルを特に操作していない場合は［文字］パネルの右のタブにあるので、クリックします）❸。

［段落］パネルで［中央揃え］に変更します❹。

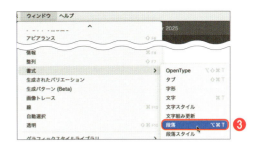

STEP 3　行間を調整する

［文字］パネルの［行送り］の数値を「140pt」に変更します❺。行と行の間が詰まったことで、タイトルとしてのバランスがよくなります。

> **memo**
> Illustrator上では「行送り」と表記されますが、行間とも呼ばれ、どちらもほぼ同じ意味を持ちます。

STEP 4　「カーニング」を調整する

［文字］ツール で「レ」と「ン」の間をクリックし❻、カーソルを表示させます。［文字］パネルの［文字間のカーニングを設定］の数値に「-40」と入力します❼。

> **memo**
> ［文字間のカーニングを設定］のショートカットキー：
> option（Alt）+ ← （数値を増やす）
> option（Alt）+ → （数値を減らす）

| Chapter 7　実習 |　練習用データ >> 7-04 |

Lesson 04　文字の色を変更しよう

文字色を[カラー]パネルや[カラーピッカー]で変更します。RGB値を直接入力して、希望のカラーを正確に指定できます。

このレッスンでやること
- 文字の色を変更する

STEP 0　完成を確認する

カラフルなタイトルに仕上げていきましょう。Chapter2で紹介した色相・彩度の知識が活きてきます。

図1　7-4-finish.ai

STEP 1　すべての文字を選択する

[文字]ツール で文字をすべてドラッグし❶、ツールパネルの下部にある[塗り]ボックスをダブルクリックします❷。[カラーピッカー]ダイアログが表示されます。

STEP 2　基本の彩度と明度を決める

[カラーピッカー]中央の「彩度(横方向)」と「明度(縦方向)」を示す正方形のエリアで、上の中央、やや左寄りのほうをクリックし、パステル調の明るく鮮やかな色調に設定します❸。

STEP 3 色相スライダーを設定する

［カラーピッカー］の右側の虹色のスペクトル上の紫部分をクリックし❹、［OK］ボタンを押します❺。明るくポップな紫が設定できました。

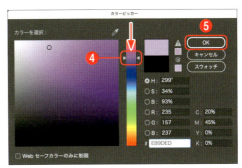

STEP 4 2番目の文字の色を変更する

［文字］ツールで、2番目の「a」の文字だけを選択します❻。
［塗り］ボックスをダブルクリックします❼。
［カラーピッカー］ダイアログが表示されるので、［カラーピッカー］右側の虹色のスペクトル上の青紫部分をクリックし❽、［OK］ボタンを押します❾。彩度と明度は変わらない青紫を設定できました。

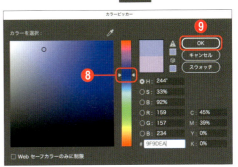

STEP 5 選択と色の指定を繰り返す

STEP4の指定を3番目以降の文字にも繰り返し行い、色の種類だけが少しずつ変化していくデザインに仕上げます❿。

［カラーピッカー］＋スポイトで色をコピペする

Illustrator CC 2025以降では、［カラーピッカー］にスポイトアイコンが表示されています。スポイトのアイコンをクリックしてからアートボード上のオブジェクトをクリックすると、色をコピーすることができて便利です。

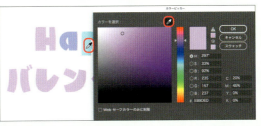

図2 スポイトで色をコピーする

| Chapter 7　実習 | 練習用データ >> 7-05 |

Lesson 05 「アピアランス」で文字全体をフチどりしよう

［アピアランス］パネルを使って、文字全体に線を追加し、ずらして立体感を出し、文字をよりポップに仕上げていきます。

このレッスンでやること
- ［アピアランス］パネルで線を追加する
- 線の太さや色を設定してずらす

STEP 0　完成を確認する

パステル調の色はかわいいですが、読みやすさという点では必ずしもいいわけではありません。そこで茶色の線を加えて可読性をアップさせた上で、少しだけずらして抜け感をプラスします。

図1　7-5-finish.ai

STEP 1　［アピアランス］パネルを表示し、テキストを選択する

［ウィンドウ］メニュー→［アピアランス］をクリックしてパネルを開きます❶。
［選択］ツール▶で文字を選びます❷。

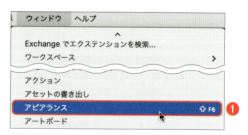

「新規線」を追加する

［アピアランス］パネルの下部にある［新規線を追加］アイコンをクリックし、文字オブジェクトに線を追加します❸。

線の太さや色を設定する

［アピアランス］パネルの［線］の右側のアイコンをクリックして❹、RGBによる指定で茶色を設定します❺。太さを「2px」にします❻。

参考カラー
（茶）................R：160　G：96　B：55

memo
カラーのスライダーがCMYKなどになっているときは、カラーの右上のアイコンをクリックしてカラーモードを切り替えましょう。

ずらしの効果をかける

［アピアランス］パネルで「線」が選択されていることを確認します❼。
［アピアランス］パネルの下部にある［新規効果を追加（fxアイコン）］→［パスの変形］→［変形］を選択します❽。
［移動］の［水平方向］を「3px」、［垂直方向］を「-3px」に設定し❾、［OK］ボタンをクリックします❿。

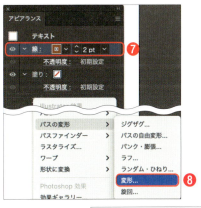

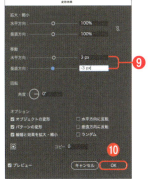

| Chapter 7　実習 | 練習用データ >> 7-06 |

Lesson 06　長めの文章をレイアウトしよう

文字量のあるテキストは「エリア内文字」を使ってテキストを管理すると、行の右側（行末）がきちんと揃えられたり、行末の改行を入れる必要がなくなります。

このレッスンでやること
- ☐ エリア内テキストで文字を管理する
- ☐ タイトルと本文を揃える
- ☐ フォントや行揃えを設定する

STEP 0　完成を確認する

タイトルの下に「本文」をレイアウトします。あらかじめ文字の範囲を作成する「エリア内テキスト」を使用します。

図1　7-6-finish.ai

STEP 1　Adobe Fontsでフォントを用意する

Adobe FontsのWebサイトにアクセスして「Zen Maru Gothic Bold」（ZEN丸ゴシック）をアクティベートします❶。

memo
「ZEN丸ゴシック」はGoogle Fonts（Googleによるフォントのホスティング、提供サービス）でもダウンロードできます。こちらは、フォントデータをファイルとしてダウンロードした上でPCにインストールすると使えるようになります。（Google Fonts：https://fonts.google.com/specimen/Zen+Maru+Gothic）

memo
フォント：
ZEN丸ゴシックN（Zen Maru Gothic）
https://fonts.adobe.com/fonts/zen-maru-gothic

STEP 2 文字を用意する

「テキストエディット（macOS）」や「メモ帳（Windows）」などのテキストエディタで、練習データの「7-6.txt」を開き、あらかじめテキストをコピーしておきます❷。

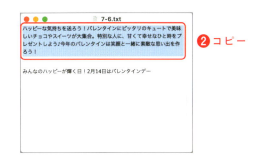

STEP 3 テキストのエリアを作成する

Illustratorの［文字］ツール を選択します❸。アートボード上をドラッグして本文が入るテキストエリアを作ります❹。

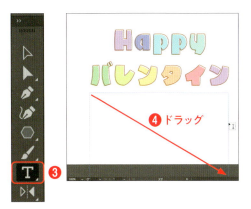

STEP 4 テキストをペーストする

先ほどコピーした文字をペーストします❺。文字がエリアに沿って流し込まれ、エリアの右端で自動的に改行されます。この方法を「エリア内テキスト」と言います。

memo

エリアが広すぎるときは［選択］ツールに切り替えて、バウンディングボックスの操作と同様にドラッグ操作でエリアを縮めます。エリアが狭すぎるときは ［+］のエラーのアイコンが表示されます（これをオーバーフローと言い、溢れてしまい見えない文章があるときのアラートです）。作例のようにフォントサイズを調整するか、ドラッグでエリアを広げましょう。

STEP 5 フォントと行間を設定する

［文字］パネルで「Zen Maru Gothic」を選びます。太さは「Bold」にします❻。行送りを［自動］にし❼、サイズを「17pt」にします❽。

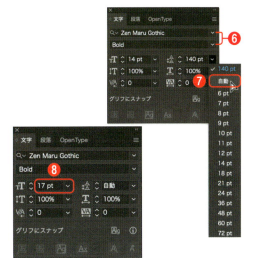

STEP 6 段落を調整する

［段落］パネルの行揃えを［均等配置（最終行左揃え）］にします❾。これにより、エリアにフィットした箱組みになります。

STEP 7 色を設定する

［文字］ツールで文字をクリックし、ドラッグしてすべて選択します❿。Lesson05で使用した茶色（P.139）を「塗り」に指定します⓫。

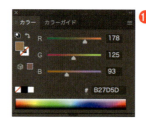

MINI COLUMN ポイントテキストとエリア内テキスト

Lesson01で紹介した「ポイントテキスト」（クリックしてテキストを入力する）とLesson06の「エリア内テキスト」は、文字の周囲に表示されるバウンディングボックスを拡大・縮小してみるとその違いを実感できます。

「ポイントテキスト」の場合は、バウンディングボックスをドラッグすると自動で文字の大きさが変化します。これに対して「エリア内テキスト」は、エリアの大きさのみが変わり、文字の大きさは変化しません。

ボックスを選択すると、右側に丸いアイコンが表示されます 図2 。この中が白だと「ポイントテキスト」、青色などの塗りつぶしだと「エリア内テキスト」です。両方の性質をうまく活かして、文字を扱っていきましょう。

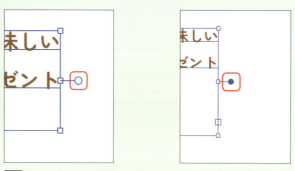

図2 丸いアイコンをダブルクリックすると、「ポイントテキスト」と「エリア内テキスト」を途中で切り替えられます。

| 練習用データ >> 7-07 |

Chapter 7　実習

Lesson 07 曲線上に文字を配置しよう

［ペン］ツールで描いた曲線に沿って文字を配置する［パス上文字］ツールを使うと、楽しそうな雰囲気を出すことができます。

このレッスンでやること
- ［ペン］ツールでパスを描く
- ［パス上文字］ツールで文字を沿わせる

STEP 0　完成を確認する

タイトルの上に短いテキストを挿入します。オーバーフローしやすいので、調整方法を学んでおきましょう。

図1　7-7-finish.ai

STEP 1　［ペン］ツールでパスを作成する

［ペン］ツール ✏ を選択します❶。「塗り」と「線」の設定は「なし」にします❷。
タイトルの上部分に、［ペン］ツールを使って緩やかな曲線を描きます❸。

memo
曲線の描き方はChapter6を参考にしてください。

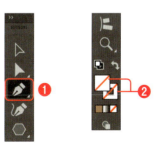

STEP 2 [パス上文字] ツールを選択する

[パス上文字] ツール 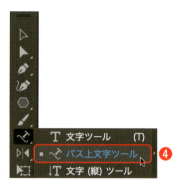 を選びます❹。

> **memo**
> [パス上文字] ツールは [文字] ツールを長押しすると表示されるサブツールとして格納されています。

STEP 3 文字を入力する

曲線パス上でクリックすると、文字の入力が可能になります。文章を入力すると、文字がパスに沿って並びます❺。

STEP 4 文字の位置を調整する

[ダイレクト] 選択ツール で文字の中央の青い線をドラッグして移動します❻❼。
[ダイレクト] 選択ツールで右側のオーバーフロー の表示を右側へドラッグして、表示範囲を広げます❽。
パスの始点と終点のアンカーポイントをクリック＆ドラッグして、文字の配置や向きを微調整します❾。

STEP 5 フォントや文字の色を設定する

文字を選択してフォントを調整します。
フォントは「Zen Maru Gothic」の「Bold」で大きさは「17pt」に設定します❿。
「塗り」に本文と同じ茶色を設定します。

> **memo**
> ⌘（Ctrl）＋Aですべての文字を選択した状態で [スポイト] ツールで本文のテキストをクリックすると、フォントや大きさ、色など本文のスタイルをそのままコピーできます。

STEP 6 トラッキングを設定する

［文字］パネルで［トラッキング］を「40」に設定します⓫。

memo

オーバーフローしてしまう場合はSTEP4と同じ工程をおこない、文字の開始点をずらして文字が収まるように調整しましょう。僅かな調整の場合は行の頭でクリックしてカーニングを設定してもよいでしょう。

MINI COLUMN パス上文字の配置を編集・加工する

　パス上文字にはさまざまな種類があります。初期状態では［虹］が設定されています。［書式］メニュー→［パス上文字オプション］から、［虹］以外の項目を選択できます。たとえば［階段］を選ぶと、文字の水平・垂直は真っ直ぐの状態でパスに沿って階段状に文字が並び、印象が変わります 図2 。さらに［パス上文字オプション］を選ぶと、ダイアログによる反転や基準位置の変更、文字詰めなどの細かい調整も可能です 図3 。

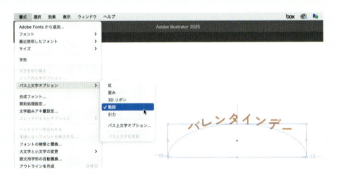

図2 ［書式］メニュー→［パス上文字オプション］→［階段］

図3 ［書式］メニュー→［パス上文字オプション］→［パス上文字オプション］

| 練習用データ >> 7-08 |

| Chapter 7　実習 |

Lesson 08　アウトライン化して編集しよう

文字をアウトライン化すると、文字がパスの集合体に変わり、フォントに依存しない形状になります。これにより個別のアンカーポイントを編集して文字の形を自由に変形できます。

このレッスンでやること
☐ タイトル部分のアウトライン化　☐ アンカーポイントを調整する

STEP 0　完成を確認する

文字をアウトライン化して、変形させましょう。タイトルの「H」や「Y」を変形したり、「P」同士を重ねて文字をより楽しそうに見せていきます。

図1　7-8-finish.ai

文字を大胆に変形するためには、フォントの情報を破棄して形状だけを残す「アウトライン化」をおこなう必要があります。

STEP 1　タイトルを選択する

［選択］ツール▶でタイトルの文字オブジェクトを選びます❶。

STEP 2 タイトルのアウトラインを作成する

［書式］メニュー→［アウトラインを作成］で文字をパスに変換します❷。

> **memo**
> 一度アウトライン化した文字は、自由に形を変えられる代わりに文字を打ち変えたり、カーニングなどを数値で調整できなくなります。

STEP 3 ［ダイレクト選択］ツールで1文字を選択&編集する

全体の選択を解除し、［ダイレクト］選択ツールで文字の一部（H，p，y，など）をドラッグして選択します❸。
［選択］ツールに切り替えて、バウンディングボックスを利用して角度や大きさ、位置を変えます❹。

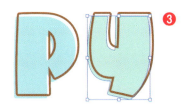

> **memo**
> パス上文字など、ほかの文字を選択してしまう場合は文字に対してオブジェクトのロックをかけておきましょう。

> **memo**
> アウトライン化した文字をバラバラにするなら［グループの解除］をまず試してみることをおすすめするのですが、この例では［アピアランス］を使っており、グループに対して茶色の線がかかっているため、グループを解除すると茶色の線が消えてしまいます。そこで、この作例ではグループを解除せずに［ダイレクト］選択ツールで一部を選択して作業をおこなっています。

Chapter 7 文字を入力&デザインしよう

147

章末問題 名刺を作ろう

素材データをカスタマイズして、皆さんの名前で名刺を作成してください。名刺には次の要素を含めてください。

制作条件

演習データフォルダ >> 07 - drill

- 用意されたデータ（07-drillMaterial.ai）を使用する
- ①自分のイニシャルを使ったロゴ　②氏名　③住所などの情報 を入れる
- 作例データのように文字の揃え位置を変えたり、色を変更してもよい

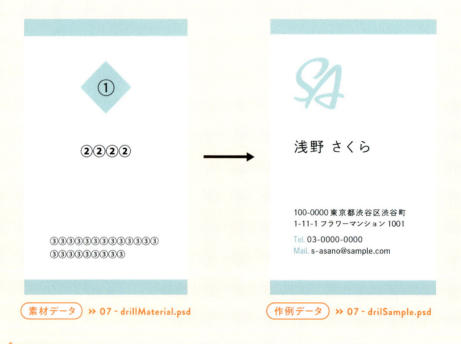

素材データ >> 07 - drillMaterial.psd

作例データ >> 07 - drilSample.psd

アドバイス

①ロゴ はフォントをアウトライン化してから［グループを解除］して、自由に組み合わせたり、一部を変形したりしてオリジナリティを出してみましょう。②氏名 はポイントテキスト、③住所など はエリア内テキストを使用します。配色を工夫してみたり、アイコンを作成・使用してみたりするのもいいでしょう。

Chapter

8

Illustratorで画像を扱おう

Illustratorでは、写真やイラストなどの「画像」を配置して、
デザインやイラストの一部として活用することができます。
画像の配置方法やクリッピングマスク、
画像のリンクと埋め込みの違いなど、
初心者の方が最初に押さえておきたいポイントを解説します。

> **Chapter 8** 授業

Illustratorでビットマップ画像を配置しよう

画像の処理といえば、後半のChapterで紹介するPhotoshopが断然便利です。
とはいえ、Illustratorでも多少のことはできます。このChapterでは、Illustratorで操作できる
画像処理について順番に解説していきます。

 Illustratorで画像はどこまで処理できる？ 何ができない？

　Illustratorは印刷物の制作にも活用されています。こうしたグラフィックデザインに欠かせない要素が写真です。こうした写真や手描きイラストをスキャニング・撮影したデータは、Chapter1でも紹介した「ビットマップ（ドキュメント）」と呼ばれます。Illustrator自体はビットマップを微調整するアプリではありませんが、「配置」機能を使うと、このビットマップをIllustratorのドキュメント上に配置できます。ほかにも、手書きで書いた文字をIllustratorで使えるようにトレースすることで、ビットマップをベクターに変換することもできます。ビットマップとベクターをIllustratorのドキュメントの中で上手に共存させるのがこのChapterの目標です。
　Illustratorでは、画像に対して次のような処理ができます。

- 画像の表示を大きく・小さくする
- 画像を白黒にする
- ベクターの形状に沿って画像の余分な部分を隠す
- 画像を自動トレースしてベクターデータにする
- ベクターデータをビットマップ画像にする（ラスタライズ）

一方、似ている操作ですが、次の操作はできません。

- 元画像のピクセル数を変更する
- 白黒化にあたって白と黒のバランスを調整する
- 被写体の輪郭に沿って正確にトリミングする
- 一度ビットマップにしたデータを元のベクターデータに戻す

　緻密な画像処理であれば、Photoshopを併用していきましょう。使い方は本書の後半で紹介していきます。

どの画像ファイルなら配置できる?

　一般的なPNGやJPEG（JPG）といったファイルであればIllustratorのファイルへの配置が可能です。ほかにも、Photoshopのネイティブ形式のPSDやTIFFなどを画像として配置できます。また、別のAIファイルを「配置」することも可能です。

「リンク」と「埋め込み」

　画像を配置する方式には、「リンク」と「埋め込み」の2つの方式があります。操作や確認方法はLesson03で紹介します。複数の人で作業をする場合や、画像ファイルが多い場合は「リンク」を活用したり、最終的な入稿や納品のタイミングで埋め込みにしたりします。

AIファイルと画像とを別々に管理する「リンク」
　画像データをIllustratorファイル自体には含まずにリンク扱いにする方式です。外部の画像ファイルを参照するので、画像の更新や修正に強いものの、画像が移動したり紛失したりするリスクもあり、リンク切れには注意を払う必要があります。ドキュメントに画像データを含まないので、AIファイルのデータサイズは軽くて済みます。

AIファイルの中に画像を取り込む「埋め込み」
　画像をIllustratorファイルそのものに埋め込んだ状態にすることで、元データ（外部ファイル）が不要になります。データの保管や納品、受け渡しの際に、AIファイルのみで完結できて便利ですが、あとから画像を修正するのはやや困難です。画像の情報がIllustratorドキュメントに含まれるので、AIファイルのデータサイズは重くなります。

［開く］で画像を選択しても写真が表示されたのですが、これでもいいですか？

［ファイル］メニュー→［開く］でも写真データを開いた場合、開いた画像の大きさに合わせてアートボードが作成されます。
この作業自体は間違いではないのですが、一般的なデザインやイラスト制作の流れでは、先に「A4」や「1000px」といった、決められたアートボードやオブジェクトがあって、後から画像をレイアウトしていくので、画像を直接［開く］ことは少ないです。

画像を配置するとものすごく大きくなってしまいます。

一旦画面を縮小してバウンディングボックスで選択できるところまで小さくして画像を縮小しましょう。
印刷物として使用する本番用のデータであれば、Photoshopで画像のサイズを整えてから配置をおこなってください。

| 練習用データ >> 8 - 01 |

Chapter 8 実習

Lesson 01 画像を配置しよう

まずは画像を配置する基本操作を学びましょう。配置した画像をどのように扱うかで、デザインの可能性が一気に広がります。

このレッスンでやること
- ☐ Illustratorドキュメントに画像を配置する
- ☐ 配置した画像のサイズと重ね順を変更する

STEP 0 完成を確認する

写真をベクターイラストの背景として取り入れてみましょう。

図1 8-1photo.jpg　　図2 8-1.ai　　　　　　　図3 8-1-finish.ai

STEP 1 ファイルを開いて準備する

練習データ「8-1.ai」を開きます❶。ベクターで描かれたイラストだけが表示されています。

STEP 2　画像を配置する

[ファイル] メニュー →[配置]を選びます❷。
配置したい画像「8-1photo.jpg」を指定します❸。
アートボード上をクリックすると写真が配置されます。

> **memo**
> 随時、バウンディングボックスを使用して大きさを整えていきましょう。

STEP 3　写真を背面にする

写真をクリックして選択します❹。右クリックして[重ね順]→[最背面へ](もしくは[背面へ])を選択します❺。ベクターイラストの背面に写真が移動します。

| Chapter 8　実習 | 練習用データ >> 8-02 |

Lesson 02　画像に「クリッピングマスク」をかけてトリミングしよう

画像の不要な部分を隠す操作が「クリッピングマスク」です。四角や丸はもちろん、ベクターの形状で自由に切り抜きたい部分をデザインできるので、作品にアクセントをつけるのに便利です。

このレッスンでやること
- 画像にクリッピングマスクをかける
- マスクを調整する

STEP 0　完成を確認する

画像をトリミングして、イラストと合成しましょう。

素材

完成

図1 8-2photo.jpg　　図2 8-2.ai　　図3 8-2-finish.ai

画像はIllustratorで「クリッピングマスク」として、一部がトリミングされた上でレイアウトされていることが多く、必須のテクニックです。

STEP 1　ファイルを開いて画像を配置する

練習データ「8-2.ai」を開きます。
［ファイル］メニュー →［配置］を選びます❶。
配置したい画像「8-2photo.jpg」を指定してアートボードをクリックし、画像を配置します❷。

154　Lesson 02　画像に「クリッピングマスク」をかけてトリミングしよう

STEP 2 マスク用のオブジェクトを作成する

［楕円形］ツール で正円を描きます❸。写真の上へドラッグ操作で移動して、写真とオブジェクト（正円）とを重ねます❹。

> **memo**
> シェイプを作った後で写真の配置をおこなうとクリッピングマスクを作成できません。写真が下（背面）、シェイプが上（前面）に来るように重ね順を調整してください。

STEP 3 クリッピングマスクを作成する

シェイプと画像を両方選択します。
右クリックして［クリッピングマスクを作成］（または［オブジェクト］メニュー→［クリッピングマスク］→［作成］）を選択します❺。丸いパスの形に沿って、画像が切り抜かれました❻。

> **memo**
> クリッピングマスクを解除するには、クリッピングマスクを選択して右クリックし、［クリッピングマスクを解除］を選びます。

STEP 4　クリッピングマスクを調整する

必要に応じて位置や大きさを整えます。クリッピングマスクを調整・編集するには、一度クリッピングマスクをクリックして（選択して）からダブルクリックします。画面がマスクの編集モードに切り替わります❼。
写真を編集したい場合はシェイプの中の写真部分を❽、シェイプを編集する場合はシェイプのパスをクリックして選択・編集します❾。
編集が完了したら画面の何もないところをダブルクリックして編集モードを終了します。

> **memo**
> 編集モードでは、解除しない限り選択したマスク以外のオブジェクトには触れられなくなります。グループなどでも同様です。

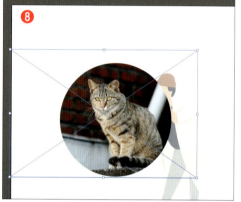

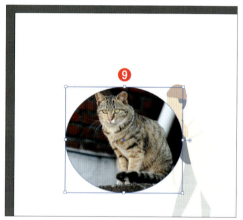

STEP 5　位置と重ね順を整える

クリッピングマスクをクリックして選択します。右クリック→［重ね順］→［最背面へ（もしくは［背面へ］）］を選択して、イラストの背面にクリッピングマスクがくるように調整します❿。
［選択］ツール で画像をドラッグしたり、バウンディングボックスをドラッグして拡大・縮小したりして、クリッピングマスクの位置を微調整します。

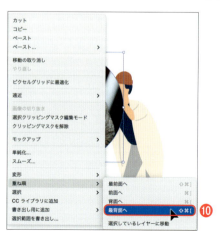

Chapter 8 実習

| 練習用データ >> 8-03 |

Lesson 03 画像の「リンク」と「埋め込み」を知ろう

Illustratorで画像を配置したとき、その画像を「リンク」での配置にするか「埋め込み」での配置にするかを選ぶことができます。

このレッスンでやること
☐ 画像のリンクと埋め込みの違いを知る

STEP 0 完成を確認する

このLessonでは、画像の見た目自体は変わりません。「リンク」と「埋め込み」の操作方法と、それぞれの特徴を把握するのが狙いです。

完成

図1 8-3-finish.ai

STEP 1 新規ドキュメントを作成する

[ファイル] メニュー→ [新規] をクリックし、[新規ドキュメント] ウィンドウで [Web] を選択し、[空のドキュメントプリセット] の中から [共通項目（1366×768px）] を選択して [作成] ボタンを押します❶。ドキュメントが作成されます❷。

157

STEP 2 リンクとして画像を配置する

[ファイル] メニュー→ [配置] を選択します❸。練習データの「8-3photo.jpg」を選択します❹。[リンク] にチェックが入っていることを確認して [配置] ボタンを押します❺。
アートボード上をクリックして画像を配置します。リンク配置の形式で画像が配置されます。

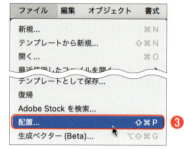

> memo
> [リンク] のチェックを外すと「埋め込み」配置になります。

STEP 3 リンク画像の詳細を確認する

[ウィンドウ] メニュー→ [リンク] を選び、[リンク] パネルを開きます❻。
「8-3photo.jpg」の右側に鎖のマークが表示されており、リンク配置であることを示しています❼。
パネルの左下部にある矢印 ▶ をクリックすると、[リンク] パネル上で選択した画像について、画像の格納場所やカラーモード、寸法などの情報が確認できます❽。

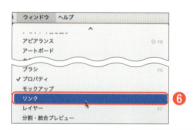

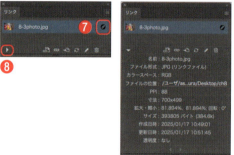

STEP 4 リンクファイルを編集する

アートボード上の [リンク] パネルの「8-3photo.jpg」を選択します❾。[パネルメニュー] をクリックして [Photoshopで編集] を選択します❿。「8-3photo.jpg」がPhotoshopで開けました⓫。Photoshopを閉じて確認を終了します。

> memo
> ここで画像に編集を加えて同じファイル形式で保存すると、Illustrator側のファイルも変更されます。後半のPhotoshopパートで操作方法を学んだ後に改めてトライしてみてください。

Lesson 03　画像の「リンク」と「埋め込み」を知ろう

STEP 5 リンクを埋め込みにする

Illustratorに戻り、改めて［リンク］パネルの「8-3photo.jpg」を選択します❶。［パネルメニュー］❷ をクリックして［画像を埋め込み］を選択します❸。
鎖のマークが消え、画像が「埋め込み」になりました❹。

> **memo**
> 先程の［Photoshopで編集］がグレーアウトして選択できないことを確認しておきましょう。

STEP 6 一度埋め込んだ画像を再度リンクにする

再度［リンク］パネルの「8-3photo.jpg」を選択します❺。［パネルメニュー］❷ をクリックして［埋め込みを解除］を選択します❻。「8-3photo.psd」として保存するように促されるので、任意の場所に保存します❼。

> **memo**
> 元の「8-3photo.jpg」と、この「8-3photo.psd」は別のデータになります。データの取り違いなどの元になるので、実際のところ、STEP6で紹介しているような、一度埋め込んだ画像を再度リンクにする（埋め込みを解除する）ことは、極力避けたい操作と言っていいかもしれません。とはいえ、この操作を行う必要が生じる場合もあるので、いざというときに覚えておくとよいでしょう。

MINI COLUMN リンク画像とAIファイルをまとめてコピーしてフォルダ化する「パッケージ」

リンク配置の場合、画像を同梱して納品をしないと「リンク切れ」を起こしてきちんと表示できないため、特にリンク画像が揃っているかについては慎重に確認する必要があります。そこで、自動でリンク関係を含めた複製が作れる「パッケージ」機能が活躍します。

AIファイルを保存して［ファイル］メニュー→［パッケージ］を選び、ダイアログの指示に従って「パッケージ」を作成すると、AIドキュメントと関連するリンク画像をまとめて複製したフォルダが作成されます 図2 。

図2 パッケージの実行

| Chapter 8　実習 |　練習用データ >> 8 - 04 |

Lesson 04　Illustratorで簡単な画像編集にチャレンジしよう

画像補正はPhotoshopが得意とするところですが、画像にちょっとしたフィルターをかけたり、白黒に変換したりといった簡易的な加工ならIllustratorでも可能です。

このレッスンでやること
- Illustratorで写真を白黒にする
- Illustratorで写真をぼかす

STEP 0　完成を確認する

画像の編集加工、といってもいろいろあります。Illustratorでは主に［編集］と［効果］メニューから加工を実行できます。

素材

図1　8-4.ai

完成

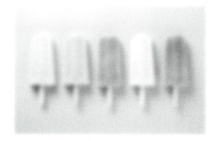

図2　8-4-finish.ai

STEP 1　ファイルを開いて画像を選択する

練習データ「8-4.ai」を開きます。画像が「埋め込み」になっていることを確認します❶。
［選択］ツール ▶ でアートボード上の画像をクリックします❷。

160　Lesson 04　Illustratorで簡単な画像編集にチャレンジしよう

STEP 2　画像を白黒にする

[編集] → [カラーを編集] → [グレースケールに変換] を選択します❸。

選択した画像が白黒になります。

> **memo**
>
> [カラーを編集] はリンク配置の画像に対しては使用できません。白黒のほかにも、彩度を調整するなど、簡単なカラーバランスの調整ができます。

STEP 3　[ぼかし] のフィルターを適用する

[効果] メニュー → [ぼかし] → [ぼかし（ガウス）] を選択し❹、[半径] を設定します❺。

> **memo**
>
> [効果] メニューはリンク配置の画像に対しても使用でき、元の画像には影響を及ぼしません。[効果] メニューの各項目については、[アピアランス] パネルを開いて効果名をクリックすると、再調整ができます。

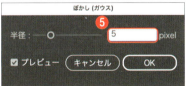

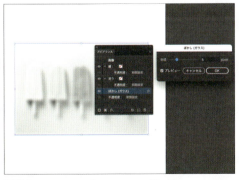

図3　[アピアランス]パネルから[効果]メニューを調整できる

| 練習用データ >> 8-05 |

Chapter 8　実習

Lesson 05 画像からベクターデータを作ろう

写真や手書き文字をベクター化（パス化）する［画像トレース］はIllustratorならではの機能です。手書きの文字やイラスト作成に役立ちます。

このレッスンでやること
- 手書き文字をベクターデータにする
- ベクターに変換した手書き文字を編集する

STEP 0 完成を確認する

手書き文字の画像データを［画像トレース］でベクターデータにし、文字の色を変更してみましょう。

素材

図1 8-5.ai

完成

図2 8-5-finish.ai

トレースの仕上がりはスキャニングした文字の解像度やコントラストによって変わるので、自作の文字でうまくいかない場合は元の画像を調整していろいろなバリエーションを試してみましょう。

STEP 1 ファイルを開いて画像を選択する

練習データ「8-5.ai」を開きます。
手書きの文字が埋め込み画像として配置されていることを確認します❶。［選択］ツール ▶ で手書きの文字の画像をクリックします。

memo
リンク画像では画像トレースを利用できないので、その場合は埋め込み画像に変換します。

162　Lesson 05　画像からベクターデータを作ろう

STEP 2　画像トレースを適用する

［ウィンドウ］メニュー →［画像トレース］を開きます❷。
［プレビュー］にチェックを入れます❸。［プリセット］を選択してトレースの仕上がりを確認し、一番イメージに合うものを探します❹。作例では［デフォルト］を基準に、［しきい値］を「180」にカスタムしてなめらかに仕上げています❺。

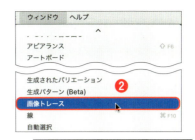

STEP 3　拡張してパスにする

仕上がりを確認したら［自動グループ化］にチェックを入れて❻、［拡張］ボタンをクリックして決定し、パス化します❼。
パスに変換したら［画像トレース］パネルを閉じます。

STEP 4　グループ化を解除して不要な部分を削除する

白い紙に書いた文字の背景は、「白い塗りのパス」として変換されているので、そのままでは背景が見えません。「グループ」を解除するか、うまくいかない場合は［ダイレクト選択］ツール▶で白の不要な部分を選択し、[delete]で削除します❽❾。

> **memo**
> 背景以外にも、文字の中にある空間に白い部分があるので、同じように削除します。

STEP 5　文字のカラーを変える

［選択］ツールで文字全体を選択し、［カラー］パネルでピンク色にします❿。
一部だけを変えたい場合は、［ダイレクト選択］ツールでパスを選択して色を変更します。

章末問題 写真入りのポストカードを作ろう

新しくドキュメントを作成して、写真と手書き文字の素材を使って、ポストカード風のグラフィックデザインを制作してください。

制作条件
演習データフォルダ >> 08-drill

- [新規作成]でアートボードを作成する（[アートとイラスト]→[ポストカード（148mm×100mm）]、「プリセットの詳細」→「方向」：[横]）
- ポストカードの下部は白く帯状に空けて、中央に「OKINAWA」をアルファベットで入力する。フォントは自由に設定する

素材データ >> 08-drillMaterialPhoto.jpg　　素材データ >> 08-drillMaterialTxt.png

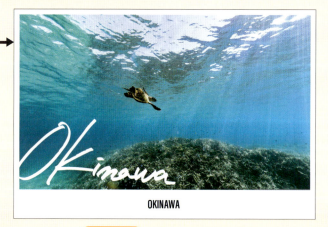

作例データ >> 08-drillSample.ai

アドバイス

帯状に余白を設ける場合は、白の長方形を置くのではなく、余白部分を除いた写真の領域をクリッピングマスクで設定してください。

Chapter

9

Illustratorで作ってみよう

Illustratorの基本操作が掴めてきたところで、
ここまでに学んだテクニックを活かした作品を作ってみましょう。
まずは見本や「POINT」を見ながら、
解説を読まずに作ってみるのがおすすめです。
ここで紹介する新しい機能もありますが、
ここまで勉強してきた方であれば、きっと形は似せて作れるはず。
その上で、解説の手順を追ってみると勉強になりますよ。

| 練習用データ >> 9-01 |

Chapter 9 実習

Lesson 01 ロゴを作ろう

フォントをベースにロゴを作ってみましょう。既存のフォントを基に一部を改変してロゴに仕上げています。「複合パス」の解除・設定や「パスファインダー」など、新しい機能も登場します。

このレッスンでやること
☐ ロゴを作成する

STEP 0 完成を確認する

次のポイントに従ってデザインを作成しましょう。

- アートボードのサイズはA4、CMYKで作成する
- 「ほっとLounge（みんなのラウンジ）」という誰でも交流などができるフリースペースのような場所のロゴを制作する。温かみや親しみが感じられるものを作成する
- 既存のフォントを基にロゴを制作し、一部を顔のイラストに変える
- 改変にあたっては、「複合パス」「パスファインダー」を使って色の変更に強いデータを作成する

図1 9-1-finish.ai

STEP 1 新規ドキュメントを作成する

Illustratorを起動し、［ファイル］→［新規］を選択します。［印刷］を選択し、プリセットを［A4］にします。［カラーモード］は［CMYKカラー］を選びます❶。［作成］ボタンをクリックして、アートボードを用意します。

STEP 2 ロゴになる文字を入力する

［文字］ツール で「ほっと」❷「Lounge」❸「みんなのラウンジ」❹を入力します。Adobe Fontsから以下のフォントをアクティベートし、それぞれの文字に適用します。フォントサイズは3つの文字のバランスを見て相対的に調整しましょう。

- 「ほっと」「みんなのラウンジ」
  フォント：Moolong Chocolate VF
  （Moolong チョコレート バリアブル）
  (https://fonts.adobe.com/fonts/moolong-chocolatevariable)
- 「Lounge」
  フォント：CoconPro Bold（FF Cocon）
  (https://fonts.adobe.com/fonts/ff-cocon)

> **memo**
> 「Moolong チョコレート」はバリアブルフォント（太さを細かく変えられるフォント）です。基本のウェイトを選択した後で、アイコンをクリックするとそのウェイトを元にスライダーで文字の太さを少しずつ調整できます。

STEP 3 ［文字タッチツール］で個別に文字を選択できるようにする

［文字］パネルの［パネルメニュー］→［文字タッチツール］を選択します❺。
「Lounge」をクリックして選択してから、［文字］パネルに表示されている［文字タッチツール］をクリックします❻。すると「Lounge」が個別に選択できるようになります。

> **memo**
> ［文字タッチツール］を使うと、アウトラインに変換しなくても、角度やベースラインの位置をアートボード上で直感的に修正できます。［文字］パネルの各項目で個別に設定しても構いません（仕組みは同じです）。

STEP 4 文字の形を調整する

「L」以外の文字を個別にクリックして「L」のベースラインの位置へドラッグしたり、「g」の文字の斜め上をドラッグして少し回転をかけたりして調整します❼。
空いたスペースに「みんなのラウンジ」を小さいサイズで配置します❽。トラッキングの数値を「200」にします❾。

STEP 5 文字をアウトライン化する

すべての文字を選択し、[書式] メニュー→ [アウトラインを作成] を選択します❿。文字がアウトライン化されます。

STEP 6 文字のグループ化と複合パスを解除する

「Lounge」を選択します。右クリックなどでグループを解除します⓫。
「o」「g」「e」を個別に選択して右クリックし、はじめに [複合パスを解除] を選択します⓬。内側の丸抜き部分が黒になります。
次に、内側の丸を選択して [delete] で消します⓭。

顔のパーツを作成する

「Lounge」の丸抜き部分や、「っ」の文字につけ加えるシンプルな顔を描きます⑭。

［楕円形］ツール ◯ や［ペン］ツール 🖊、［ブラシ］ツール 🖌 などを使いましょう。

「Lounge」の顔は最終的には白抜きになるので、別で作成したグレーの長方形上に白い「塗り」で顔を作ります⑮。半円を描いたら［ダイレクト選択］ツール ▶ で選択するとライブコーナーウィジェットが表示されるので、ドラッグすると角の取れた形になります⑯。

線は［線端］を［丸型線端］に設定し⑰、［オブジェクト］メニュー→［パス］→［パスのアウトライン］でアウトライン化します⑱。

> **memo**
> ［パスのアウトライン］を実行すると、「線」が「塗り」に変換されます。

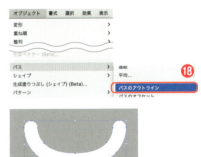

STEP 8 パーツを文字と一体化する準備をする

目の丸とハイライトを選択して、［パスファインダー］パネルの［前面オブジェクトで型抜き］を選択します❶。この操作をもう片方の目にもおこないます。
目と口のオブジェクト計3つを選択し、［パスファインダー］パネルの［合体］を選択します❷。

STEP 9 文字に顔のパーツを配置する

［選択］ツールに切り替えて、顔のパーツを選択し、「o」「g」「e」上にそれぞれ配置します❸。

STEP 10 文字と顔のパーツを一体化する

［選択］ツールに切り替えます。「o」の文字と顔のパーツを選択し、［オブジェクト］メニュー→［複合パス］→［作成］を選択します❹。「g」と「e」も同じように設定します。

> **memo**
> 一見すると変化はありませんが、背景を作成・配置してみると、［複合パス］が適用できた部分は、顔のパーツで「型抜き」されていることがわかります。ロゴは色を変えたり背景などが下に配置されたりすることもあるので、ロゴを改変する場合は白いオブジェクトを配置するだけでなく、こうして型抜きしておくことが重要です 図2。

図2 ［複合パス］で白部分を型抜きして透明にする

170　Lesson 01　ロゴを作ろう

STEP 11 色を設定する

最後に［カラー］パネルを使用して色を設定します。［カラー］パネルのカラーモードが［RGB］や［グレースケール］になっている場合は、［パネルメニュー］≡から［CMYK］に変更してから数値を指定します㉓。

参考カラー：
「ほっと」......C：0　　M：60　　Y：80　　K：0
「Lounge」......C：80　　M：0　　Y：50　　K：0
「みんなのラウンジ」、「ほっと」の目の部分
......................C：0　　M：30　　Y：100　　K：0

memo
色が適用されない場合は、対象となるオブジェクトのグループを解除してから色を設定してみましょう。

MINI COLUMN　ロゴをWebと印刷物の両方で使用するときは

　ロゴをWebサイトなどでも使用する場合は、はじめに色域（表示できる色の領域）の広いRGBモードのファイルでロゴを作成してから、ロゴのファイルを別名で保存して複製します。複製したファイルは［ファイル］→［ドキュメントのカラーモード］→［CMYKカラー］に変換すると、印刷用のCMYKに変換されます。

　ファイルのカラーモードをRGBからCMYKに変換することで、色がCMYKの4色に置き換わります。このとき「Y：71.24％」などの小数点を含んだ数値に変換されることがあります。ロゴマークはほかのデザイナーやロゴ以外の広告物で同じ色を指定してデザインを作ることもあるため、分かりやすい数値を指定することが望ましいです。そこで、色が変わらない範囲で、数値の小数点などの端数を整えて「Y：70％」に改めるなどの配慮をおすすめします。

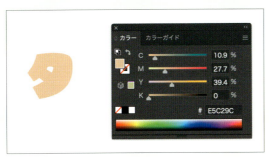

図3　CMYKの数値に小数点が入っている状態

| 練習用データ >> 9 - 02 |

Chapter 9　実習

Lesson 02　POPを作ろう

店内POP（ポップ／ピーオーピー）などの「販促デザイン」と呼ばれるジャンルは、特に文字の見やすさや色のコントラストで、きちんと目立つかが重要です。目を引く横長のPOPをデザインしましょう。

このレッスンでやること
☐ POPを作成する

STEP 0　完成を確認する

次のポイントに従って、POPを作成してみましょう。

- サイズは幅400mm×高さ100mm、カラーモードはRGBで作成する
- 背景にグラデーションを設定する
- 「Summer Sale」の影は［アピアランス］でつける
- 4つの雲は同じ形。大きさで差をつける

図1　9-2-finish.ai

STEP 1　新規ドキュメントを作成する

Illustratorを起動し、［ファイル］→［新規］を選択します。［アートとイラスト］を選択し、［幅］を「400mm」、［高さ］を「100mm」にします。［カラーモード］は［RGBカラー］が選択されていることを確認します❶。［作成］ボタンをクリックして、横長のアートボードを用意します。

memo
印刷会社に発注して印刷するようなデータの場合は、［カラーモード］を［CMYKカラー］にした上で、「裁ち落とし」の設定が必要になります。この方法はChapter17で解説します。

STEP 2 背景を作成する

[長方形] ツール ■ を選択し、クリックして [幅] を「400mm」、[高さ] を「100mm」と入力します❷。
[プロパティ] パネルの [変形] か、[変形] パネルを開きます。基準点のアイコンの左上の四角形をクリックして、基準点を [左上] に設定し❸、[X] [Y] の数値を「0」にすると❹、アートボード全体を覆う四角形を正確に描画できます。

STEP 3 背景にグラデーションを設定する

[ウィンドウ] メニュー→ [グラデーション] で [グラデーション] パネルを開きます。
「線」を「なし」にします❺。[塗り] ボックスをクリックして選択し、[線形グラデーション] アイコンをクリックしてグラデーションを適用します❻。
[角度] に「90°」と入力します❼。
以下の数値を参考に、水色～淡い青に設定します❽。

▶ 参考カラー
（水色）........ R：115　G：255　B：255
（淡い青）..... R：35　G：155　B：255

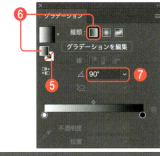

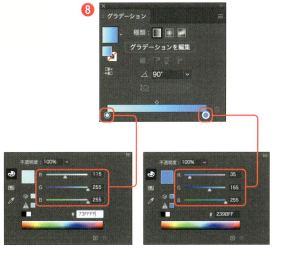

STEP 4 「Summer Sale」の文字を入力する

ツールパネルの［文字］ツール T を選び、「Summer Sale」の文字を入力します❾。

「Summer」を選択して、以下のように設定します❿。

- Summer：
フォント ....「Bello Script Pro Regular」
（https://fonts.adobe.com/fonts/bello）
カラー（白）..............R：255　G：255　B：255
フォントサイズ.........130pt

次に、「Sale」を選択して、以下のように設定します⓫。

- Sale：
フォント ....「Cooper Std Black」
（https://fonts.adobe.com/fonts/cooper-black）
カラー（黄）..............R：255　G：255　B：0
フォントサイズ.........150pt

STEP 5 「Summer Sale」の文字を装飾する①　「塗り」を追加する

［ウィンドウ］メニュー→［アピアランス］で［アピアランス］パネルを表示します。パネル下部の［新規塗りを追加］を選択し⓬、［塗り］に青色を設定します⓭。

カラー
（青）............................R：35　G：140　B：255

174　　Lesson 02　POPを作ろう

STEP 6　「Summer Sale」の文字を装飾する②　[塗り] を [文字] の背景に移動する

[塗り] を追加したら [文字] の下へドラッグします❶。青い [塗り] が選択されていることを確認して、[アピアランス] パネル下部の [新規効果を追加] → [パスの変形] → [変形] を選択します❶。

STEP 7　「Summer Sale」の文字を移動する

[変形効果] ダイアログの [移動] の [水平方向] に「4mm」、[垂直方向] に「2mm」と入力し [OK] ボタンを押します❶。

> **memo**
> [アピアランス] で影をつけると、文字そのものは再編集可能な状態で表現を追加できます。アウトライン化せずに文字の見た目を変えられるのがメリットです。

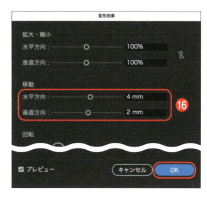

STEP 8　リボン型のフレームを作成する

[長方形] ツールで、横長の細い長方形を描きます。[塗り] は薄い黄色にします。
[ペン] ツール を選択し、縦線のセグメントの中心をクリックしてアンカーポイントを追加します❶。
[ダイレクト選択] ツールでアンカーポイントを選択して内側へ方向キーの操作で移動します❶。
もう片側も同じようにして、リボンを作成します❶。

▎カラー
　(黄色).................R：255　G：240　B：155

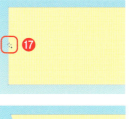

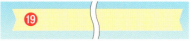

STEP 9 リボンの中に文字を配置する

作成したリボン型フレームの上に［文字］ツールで「店内対象商品が期間中30〜50%OFF」と入力します。フォントサイズや色を以下のように変更します❷⓪。

> • 店内商品が期間中：
> フォント ....源ノ角ゴシック Heavy（source-han-sans-japanese）
> （https://fonts.adobe.com/fonts/source-han-sansjapanese）
> フォントサイズ.........28pt
> トラッキング.............40
> カラー（青）...............R：35　G：140　B：255
>
> • 30〜50％OFF：
> フォント ....源ノ角ゴシック Heavy（source-han-sans-japanese）
> フォントサイズ.........40pt
> トラッキング.............40
> カラー（オレンジ）....R：255　G：60　B：0

STEP 10 丸を作成して複製する

［楕円形］ツール  を使って正円を描きます❷①。円を複製して同じ大きさの円を5つ前後用意します。
円同士を重ね合わせて雲のアイコンを作成します❷②。

> **memo**
> Chapter2で紹介したいろいろな「複製」を試してみましょう。スピードアップを目指して工夫してみてください。

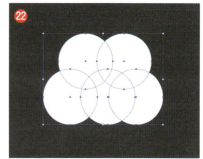

Lesson 02　POPを作ろう

STEP 11 ［パスファインダー］で丸を合体して雲にする

［ウィンドウ］→［パスファインダー］で、［パスファインダー］パネルを開きます。
雲を構成する円形をすべて選択した状態で、option（Alt）を押しながら［形状モード］の［合体］をクリックします❷❸。バラバラの円がひとつのシルエット（雲形）にまとまりました。

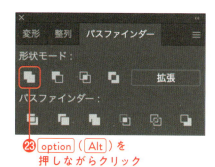

❷❸ option（Alt）を押しながらクリック

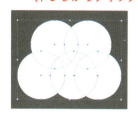

MINI COLUMN　option（Alt）で「複合シェイプ」にするメリット

option（Alt）を押しながらボタンをクリックすると、複合シェイプとして、後からの編集が可能なオブジェクトになります。ダブルクリックするとグループやクリッピングマスクと同じ「編集モード」に表示が切り替わるので、合体を実行した後もオブジェクトを個別に移動・編集ができます 図2 。

図2 複合シェイプ

 ### STEP 12 雲を複製して［不透明度］を下げて仕上げる

できあがった雲を複製します。
個別に選択し、［プロパティ］パネルの［アピアランス］や［透明］パネルなどで［不透明度］を「50〜80％」程度に下げます❷❹。
背景のグラデーションとなじむ程度に調整すると、全体の雰囲気を壊さず、やわらかさを演出できます。
最後に配置や大きさ、重ね順を調整して完成です❷❺。

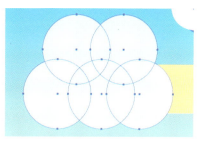

アイコン制作に便利な［パスファインダー］

　［パスファインダー］パネルはオブジェクト同士をさまざまな形状に変更できるのでいろいろな用途に利用できます。［形状モード］と［パスファインダー］を合わせると10種類のボタンがありますが、特に［形状モード］の［合体］と［前面オブジェクトで型抜き］が便利です。シンプルなオブジェクトも、組み合わせの工夫次第でさまざまなアイコンに仕上げることができます 図3 。

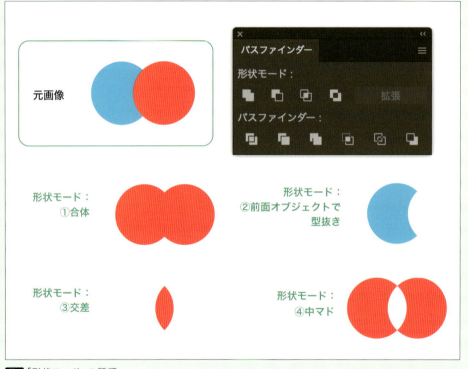

図3 「形状モード」の種類

Chapter

10

Photoshopの「レイヤー」を学ぼう

Illustratorでも登場した「レイヤー」。Photoshopではより重要な機能です。
レイヤーを駆使することで、
作業のやり直しがより便利で簡単になります。
複雑な合成や画像の作成になればその分レイヤーも増えていくので、
いま自分がどのレイヤーを操作しているのかを意識する必要があります。
このChapterでは、レイヤーを読み解くための基本を紹介します。

Chapter 10　授業

「レイヤー」って何ができるの？

レイヤーはChapter4でも触れた通り、「層」を意味します。
Photoshopのレイヤーには Illustrator よりも操作できる場所がたくさんあり、それだけに難しさを感じることもあるかもしれません。まずは表示の仕方、操作の方法と活用例を見ていきましょう。

［レイヤー］メニューと［レイヤー］パネル

Photoshopの［レイヤー］メニューと［レイヤー］パネルの操作方法を確認しておきましょう。

●［レイヤー］メニューの各項目にアクセスする

メニューバーに表示されている［レイヤー］メニューを選択

Photoshopの上部のメニューバーに表示されている［レイヤー］メニューを選択すると、レイヤーに関する項目が表示されます。この中の半分以上は［レイヤー］パネルからも操作できますが、中には［レイヤー］メニューからしか選べない項目もあります。

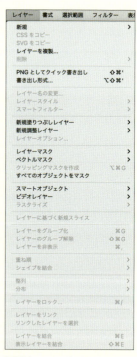

memo
覚えておきたいレイヤーの基本のショートカットをご紹介します。

・新規のレイヤーを作成　　　・レイヤーのグループ化
⌘（Ctrl）+ shift + N 　　　⌘（Ctrl）+ G

・レイヤーを複製　　　　　　・レイヤーの結合
⌘（Ctrl）+ J 　　　　　　　 ⌘（Ctrl）+ E

・レイヤーの表示・非表示
⌘（Ctrl）+ ,

図1 ［レイヤー］メニュー

●［レイヤー］パネルを表示する

［ウィンドウ］メニュー→［レイヤー］を選択

［レイヤー］パネルが見当たらないときは、［ウィンドウ］メニューにアクセスしましょう。チェックが入っていても見つけられないときは一度チェックを外して再度選択し、チェックを入れ直すとパネルを見つけやすくなります。

図2 ［レイヤー］パネルを表示

［レイヤー］パネルの右上にある［パネルメニュー］を開くと、レイヤーに関するさまざまな項目が表示されます。一部の項目は［レイヤー］メニューと共通です。

memo
レイヤーの種類や名前でレイヤーを絞り込める「レイヤーの検索」機能（Lesson03参照）は、図3 の初期状態では表示されていません。［パネルメニュー］→［フィルターオプション］→［表示］で追加されます。便利なので表示しておくのがおすすめです。

図3 ［レイヤー］パネルの［パネルメニュー］

［レイヤー］パネルでレイヤーを選択する
レイヤーをクリック

レイヤーはクリックして「選択」ができます。複数のレイヤーを選択する場合は shift を押しながら連続でクリックしていきます。選択状態になっているレイヤーは未選択と比べて色が青色などに変化します 図4 。

選択中のレイヤーを右クリックするとそのレイヤーに対して編集可能な項目が表示されます 図5 。

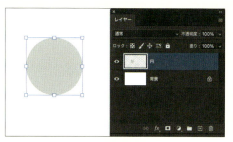
図4 レイヤーの選択と［背景］レイヤー

白い鍵つきの［背景］レイヤー

画像を開くと、［レイヤー］パネル上には鍵のマークがついた「背景」というレイヤーが表示されます 図4 。この［背景］レイヤーは常に最背面に固定されていて重ね順をはじめ、後に紹介する描画モードや［不透明度］などの項目を変更することはできません。

［背景］レイヤーを通常のレイヤーにするには、鍵のマークをクリックします。

［背景］レイヤーに変換するには、レイヤーを選択して［レイヤー］メニュー→［新規］→［レイヤーから背景へ］を選択します。

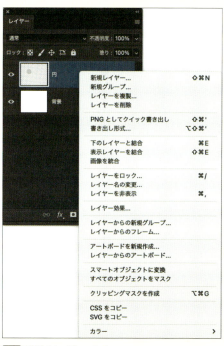
図5 個別のレイヤーのメニュー

レイヤーの「サムネール」

サムネール（サムネイル）は、直訳すると親指の爪のことです。そこから転じて、指の爪ほどの小さな画像のこととしてよく用いられる言葉です。Photoshopではレイヤーの概要を示す小さい画像のことを「レイヤーサムネール」と言います 図6 。

図6 レイヤーに表示されている小さな画像

レイヤーとそのサムネールにはさまざまな種類があります。たとえば 図7 を見てください。同じ「円」と描いてあるレイヤーですが、これらはすべて種類の異なるレイヤーです。

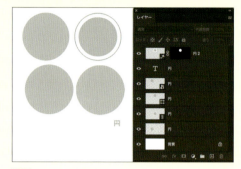

図7 レイヤーの種類

> レイヤーの種類をご紹介しましたが、全部を覚えなくても大丈夫です！Lessonの中で必須なものを紹介していきますので、少しずつ覚えていきましょう。このChapterではまず普通のレイヤーの操作を学んでいきますが、次に、レイヤーのメリットについても紹介します。

レイヤーを使うとやり直しがラク

レイヤーを活用したテクニック自体は無数にありますが、レイヤーを使うとこんなにラクだよ、ということをざっくり覚えておくと、これから登場する操作も「今何をしているのか」「だからこうするのか」が見えてきやすいと思います。ここでは、3つに絞って紹介します。

● 別のレイヤーに干渉せずに絵を描ける

別々のレイヤーに絵を描くことで、それぞれのレイヤーのみに変化を加えることができます。たとえば主線から塗った色がはみ出してしまった場合、[消しゴム]ツールで消して修正しますが、このときレイヤーが同じだと、主線を消さないように気をつけなくてはいけません。レイヤーが別々に分かれていると、塗りの色だけを修正できます。これは写真を修正する場合などでも同じです。

図8 線画と塗り用のレイヤーを分ける

○レイヤーに穴を開けて一部だけを見せる or 隠せる

「マスク」という機能を使い、上のレイヤーの一部を隠す（マスクする）ことで、下のレイヤーと重ね合わせて合成できるようになります。[消しゴム]ツールで背景を消してしまってもよいのですが、消しそびれてしまったり、消しすぎてしまったりといった場合に、後からの修正には対応できません。この点「マスク」は隠しているだけで、レイヤーの画像情報は生きているので、マスクを足したり削ったりすることで再編集が可能になるわけです。

レイヤーマスクは、Chapter12「画像の選択範囲を指定しよう」で紹介します。「マスク」と名前が付く機能は「レイヤーマスク」のほかにも「クリッピングマスク」「ベクトルマスク」「クイックマスク」があります。

図9 [レイヤーマスク]で背景を切り抜く

○「効果」を修正できるのでやり直しがラク

Illustratorでも紹介した「効果」は、Photoshopの場合はいくつかに分類されます。たとえば、文字にキラキラした効果をつける場合、[レイヤースタイル]（レイヤー効果）という機能を使用します。[レイヤースタイル]はChapter15「「描画」機能を使ってデザインしよう」で紹介します。

また、「調整レイヤー」や「スマートオブジェクトレイヤーのスマートフィルター」なども効果のひとつと言えます。これらの機能をきちんと理解して活用すると、画像を明るくしたり、モザイクやぼかし、絵画風などのフィルターなどの効果をかけたりすることはもちろん、元画像に直接影響を及ぼすことなく何度でもやり直しができるようになります。

調整レイヤーはChapter11「画像全体の大きさと色を補正しよう」、スマートフィルターはChapter14「フィルターと描画モードで写真の印象をよくしよう」で紹介しています。

図10 [レイヤースタイル]で文字を装飾する

図11 調整レイヤーとスマートフィルターで加工

MINI COLUMN 修正したい箇所をうまく指定できないときは

まずは、「修正したい箇所」がどのレイヤーにあるか、[レイヤー] パネルを開いて確認してみましょう 図12 。

図12 操作したいレイヤーを[レイヤー]パネルでクリックして選択する

次に、そのレイヤーをクリックして選択できているかを確認しましょう。操作に慣れていないうちは、[レイヤー] パネルの中のレイヤーを直接クリックする方法が確実です。

Photoshopは選んだレイヤーの中にあるデータを操作するアプリなので、まずは自分が修正したい箇所がどのレイヤーにあって、それをきちんと選択できているかを見ていきましょう。

MINI COLUMN カンバス上で直感的にレイヤーを選択するには

[移動] ツール（Illustratorの [選択] ツールと同じ）を選んでいる状態で、画面上部のオプションの設定が以下のように、「[自動選択] にチェックあり」「[レイヤー]」「[バウンディングボックスを表示] にチェックあり」となっているとき（ 図13 ）にカンバスをクリックすれば、クリックした部分のレイヤーの選択が可能です。

図13 [移動]ツールのオプションの設定

[移動] ツールは、半角英数モードで V がショートカットキーになるので、より慣れてきたら、ショートカットキーで [移動] ツールに切り替えてから画面をクリックすると、より早くレイヤーの選択ができます。

| 練習用データ >> 10-01 |

Chapter 10　実習

Lesson 01 ［レイヤー］パネルを操作して合成を体験しよう

［レイヤー］パネルを操作してアイコンの名前や役割を学びながら、レイヤーの表示を見やすく調整していきましょう。

このレッスンでやること
- ［レイヤー］パネルの見方がわかるようになる
- ［レイヤー］パネルからレイヤーを選択できるようになる
- レイヤーの複製ができるようになる

STEP 0　完成を確認する

画像の合成は、レイヤーの積み重ねです。まずは練習データを使って、操作の基本を学びながら画像の合成を体験してみましょう。

素材
図1 10-1.psd

図2 10-1photo.jpg

完成

図3 10-1-finish.psd

STEP 1　データを開いてレイヤーを確認する

［ファイル］メニュー→［開く］から練習データ「10-1.psd」を開きます。
［レイヤー］パネルを確認します。「背景」（フライパン）と「パンケーキ」の2枚のレイヤーで構成されていることがわかります❶。

memo
［レイヤー］パネルが確認できないときは、［ウィンドウ］メニュー→［レイヤー］を選択します。パネルをドラッグするとパネルの大きさや位置が変わり、見やすくできます。

STEP 2　お皿の写真のレイヤーを配置する

［ファイル］メニュー→［埋め込みを配置］を選択し、素材データの「10-1photo.jpg」を選択します❷。

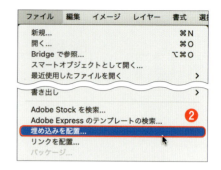

STEP 3　レイヤーの順序を変更する

［10-1photo］レイヤーを選択してドラッグし、［パンケーキ］レイヤーの背面で手を離します❸。

> **memo**
> Illustratorにも登場した「背面」とは、下や後ろ、あるいは奥のことです。

STEP 4　パンケーキのレイヤーを選択する

［レイヤー］パネルで［パンケーキ］レイヤーをクリックして選択します❹。
もしくは、オプションバーに表示されている［自動選択］にチェックを入れ、対象が［レイヤー］になっていることを確認してからカンバス上でパンケーキの画像の部分をクリックして選択します❺。

> **memo**
> 「レイヤーの選択」は初心者の落とし穴。必ず選択してください。［自動選択］が［グループ］になっていると、カンバス上の画像をクリックして選択する操作がやりにくいので注意しましょう。

STEP 5　パンケーキを移動する

ドラッグ操作か矢印キーでパンケーキをお皿に移動します❻。
最後に［ファイル］メニュー→［保存］を選択してデータを保存して閉じます。

186　Lesson 01　［レイヤー］パネルを操作して合成を体験しよう

| 練習用データ ≫ 10-02 |

Chapter 10　実習

Lesson 02　写真を開いて新しいレイヤーに絵を描こう

JPGデータを開いて、レイヤーの表示を確認し、新しいレイヤーを追加して編集してみましょう。

このレッスンでやること
- レイヤーのない画像データを開いたときのレイヤーの状態を知る
- レイヤーを新規作成する
- ［ブラシ］ツールで簡単な絵を描く

STEP 0　完成を確認する

水彩風のテクスチャーに雲のイラストを描いてみましょう。水彩風のテクスチャーの画像を開くところからはじめましょう。

図1　10-2.jpg

図2　10-2-finish.psd

STEP 1　画像を開いて背景レイヤーを確認する

練習データ「10-2.jpg」を開きます❶。

［レイヤー］パネルを表示してみると、「背景」という名前のレイヤーになっていて、鍵のマークが表示されています。

レイヤーパネルの鍵のアイコンをクリックするか、レイヤーをダブルクリックして［OK］ボタンを押すと［背景］レイヤーが［レイヤー0］という名前のレイヤーになります❷❸。

> **memo**
> ［背景］レイヤーは［ブラシ］ツールなどで絵を描くことはできますが、［背景］レイヤー自体をカンバス上で移動させたり、ほかのレイヤーの前面に移動するといったレイヤーの重ね順を変更したりすることができません。そこで、通常のレイヤーに変換します。

187

STEP 2　新しいレイヤーを作成する

［レイヤー］メニュー→［新規］→［レイヤー］を選択して新しいレイヤーを作成します❹。［新規レイヤー］ダイアログはそのまま［OK］ボタンをクリックします❺。レイヤーが2枚になりました。

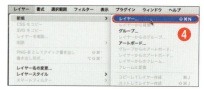

STEP 3　［ブラシ］ツールを選択する

［ブラシ］ツール ✏ を選択します❻。ツールバーの下の［描画色］（Illustratorの「塗り」と同じ部分）をクリックして色を設定します（ここでは［描画色］を白に設定しています）❼。
上のオプションから、［直径］を「100px」に、［硬さ］を「0％」に設定します❽。

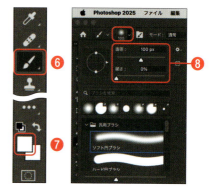

STEP 4　［ブラシ］ツールで絵を描く

STEP2で作成した［レイヤー1］が選択されている状態で雲を描きます❾。

STEP 5　［消しゴム］ツールで一部を消す

［消しゴム］ツール 🧽 でブラシを消せます❿。消しゴムの太さや硬さの調整方法はブラシと同じです（［不透明度］を「50％」に設定しています）⓫。ここでは、雲に顔を描きます⓬。［レイヤー1］に描いたり消したりしているので、青い画像のレイヤーには影響はありません。

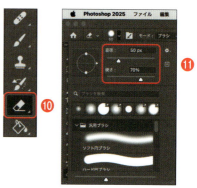

> **memo**
> ［編集］メニュー→［取り消し］はよく使うので、ショートカットの⌘（Ctrl）+ Zを覚えておきましょう。

STEP 6 青いレイヤーのサイズを修正する

［レイヤー0］を選択し、［移動］ツール をクリックします⓭。
オプションバーの［バウンディングボックスを表示］にチェックが入っていることを確認します⓮。
バウンディングボックスの角にカーソルをあてて、カンバスの外側へドラッグして拡大します⓯。そうするとテクスチャーが粗くなります。

STEP 7 レイヤーを複製する

［レイヤー1］を選択します⓰。
［レイヤー］メニュー→［レイヤーを複製］を選択します⓱。設定はそのまま［OK］ボタンをクリックすると、［レイヤー1］が複製できます⓲。
複製したレイヤーをカンバス上で選択してドラッグし、移動します⓳。

STEP 8 PSD形式で保存する

［ファイル］メニュー→［保存］を選択してデータをPSD形式に保存して閉じます⓴。

> **memo**
> ［背景］レイヤー以外のレイヤーが含まれるドキュメントは、一律PSD形式での保存が基本になります。PSDをJPGやPNGなど、ほかのファイル形式に書き出したいときは、Chapter18を参考にしてください。

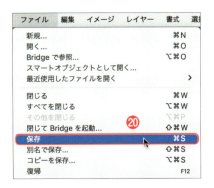

| 練習用データ >> 10-03 |

Chapter 10　実習

Lesson 03　レイヤーを整理しよう

Illustratorに比べると、Photoshopはレイヤーの数が多く見えがちです。勢いで作って、後の修正時にたくさんのレイヤーを前に途方に暮れるということがないように、レイヤーの読み解き方や、整理の仕方について学んでおきましょう。

このレッスンでやること
☐ ［レイヤー］パネルの見方を学ぶ　　☐ レイヤーを整理する方法を知る

STEP 0　完成を確認する

作例を使って、［レイヤー］パネルの操作を身に付けましょう。

素材
図1 10-3.psd

完成
図2 10-3-finish.psd

ゼロから作ることもあれば、もらったデータを使うこともあります。人が作ったデータを読み解くのは難しいもの。そこで［レイヤー］パネルの読み方をもう少し詳しく見ていきましょう。

STEP 1　不要なレイヤーを削除する

練習データ「10-3.psd」を開きます。
［レイヤー1］［レイヤー2］を削除しましょう。
不要なレイヤーを削除するには、［レイヤー］パネルで削除したいレイヤーを選択してから、［レイヤーを削除］🗑 へドラッグ＆ドロップするか、 delete を押します❶。

❶ドラッグ＆ドロップ

memo
複数のレイヤーを削除するには、 shift を押しながら選択したいレイヤーをクリックします。選択できたら delete を押します。

STEP 2　レイヤーの表示・非表示を切り替える

レイヤーが不要かどうかわからないときは、[レイヤー]パネルでレイヤーの表示・非表示を切り替えて確認してみましょう。

レイヤーを選択して目玉のアイコン 👁 をクリックすると、非表示になります❷。

もう一度同じ部分をクリックするとレイヤーが表示されます❸。[レイヤー 3]を非表示にしてからもう一度表示して、カンバスがどのように変わるかを確認しましょう。

MINI COLUMN　レイヤーのサムネールの表示を変える

[レイヤー]パネルの[パネルメニュー] ≡ をクリックして、[レイヤーパネルオプション]を表示します。[レイヤーパネルオプション]ダイアログが開いたら、[サムネールの内容]を[レイヤー範囲のみを表示]にすると、レイヤーの中のグラフィックのみが表示されるので、何のレイヤーかがわかりやすくなります。

また、[サムネールサイズ]を大きく調整することで、大きいモニタで作業している場合はサムネールがより見やすくなります。

図3　[レイヤーパネルオプション]の設定

STEP 3　レイヤーに名前を付ける

表示・非表示をすると、[レイヤー 3]が雪のレイヤーであることがわかるので、「雪」と名前を付けます。レイヤー名（レイヤー 3）をダブルクリックすると文字の入力・編集ができ、[return]（[Enter]）を押して決定します❹。

STEP 4　レイヤーをロックする

［雪］のレイヤーを選択して鍵のアイコン（すべての属性ロック）🔒 をクリックします❺。

レイヤーの数が多くなると、移動などをしたくないレイヤーが勝手に動いてしまうことがあります。そういう場合に、ロックすることで意図しない変更を防ぐことができます。

STEP 5　レイヤーにラベル（色）を付けて見やすくする

［かまくら］のレイヤーのラベルを赤色にしましょう。
［レイヤー］パネルでレイヤーを選択して右クリックし、下の方の項目を見ていくと、カラーに関する表示があります。［カラー］から色を選ぶと、レイヤーに色付けできます❻。

重要なレイヤーや、一部だけを編集したレイヤー、あるいは同じ要素のレイヤー同士を同じ色にできるので、もう一度開いたときに見分けやすくなります。

STEP 6　レイヤー同士をリンクする

［雪だるま］と［かまくら］のレイヤーを「リンク」しましょう。

複数のレイヤーを選択して［レイヤー］パネルの［レイヤーをリンク］🔗 をクリックすると、選択したレイヤー同士を「リンク」の関係にできます❼。

リンクの関係になっていると、片方のレイヤーを移動するともう片方のレイヤーも移動できます。

STEP 7　レイヤー同士をグループ（フォルダ）にする

［雪］［雪だるま］［かまくら］のレイヤーを選択します。
［新規グループを作成］ をクリックします❽。グループを「snow」という名前にします❾。

> **memo**
>
> レイヤーを選択せずに［新規グループを作成］ を選択して、空のグループを作成しておき、レイヤーをドラッグ＆ドロップで移動することもできます。
> グループの外にレイヤーを移動したいときはドラッグ＆ドロップでレイヤーをグループの外側へ移動します。 > をクリックしてグループを展開したり、閉じたりできます。

STEP 8　レイヤーを検索する

レイヤーは種類や名前などから検索ができます。
［パネルメニュー］ → ［フィルターオプション］ →
［表示］を選択します❿。
プルダウンで［名前］を選択します⓫。［レイヤー］パネルの虫眼鏡アイコンの検索フォームに「雪」と入力します⓬。
「雪」と付いた名前のレイヤーが2枚表示されました。検索で使用した「雪」の文字を delete で消すと、元の状態に戻ります。

> **memo**
>
> レイヤーに名前を付けておくと、検索するときにも便利です。

193

| 練習用データ >> 10-04 |

Chapter 10 実習

Lesson 04 写真にグラデーションを合成しよう

レイヤーにはいろいろな種類があります。また、レイヤー同士がどう作用するかを決める項目があります。このLessonでは「グラデーションの塗りつぶしレイヤー」と、「描画モード」を紹介します。

このレッスンでやること
- □ レイヤー全体を塗りつぶす方法を知る
- □ レイヤーの「描画モード」を知る

STEP 0 完成を確認する

ここでは、画像全体の色をグラデーションで変更してみましょう。

図1 10-4.jpg

図2 10-4-finish.psd

写真の一部分のみに色を合成する場合は、Chapter12で紹介する「選択範囲」が必要になります。

STEP 1 写真を開く

練習データ「10-4.jpg」を開きます❶。

STEP 2　[グラデーション] ツールで塗りつぶす

[グラデーション] ツール ■ を選択して❷、カンバスを上から下などにドラッグします❸。白黒のグラデーションと、グラデーションレイヤー（[グラデーション1]）ができました。

> **memo**
> [塗りつぶし] ツールを長押しすると [グラデーション] ツールを選択できます。

> **memo**
> [レイヤー] メニュー→ [新規塗りつぶしレイヤー] → [グラデーション] からグラデーションレイヤーを作成することもできます。

STEP 3　グラデーションの色を変更する

ドラッグの軌跡に沿って、線と丸アイコンが表示されます。片方の丸アイコンをダブルクリックします❹。[カラーピッカー] が開き、それぞれの色を変えられます。「始点」と「終点」の色を設定します❺。

▸ カラー
　（始点）............R：100　G：210　B：255
　（終点）............R：100　G：160　B：50

> **memo**
> この丸いアイコンを「分岐点」といいます。分岐点が表示されない場合はもう一度 [グラデーション] ツールを選択します。非表示にする場合は [移動] ツールなど、別のツールを選択します。また、[プロパティ] パネルやオプションの [グラデーション] をクリックしても編集できます。

STEP 4　描画モードを [カラー] に変更する

グラデーションのレイヤーを選択した状態で、[レイヤー] パネルの [通常] と書かれているプルダウンを選択して❻、描画モードを [カラー] に変更します❼。
写真が透けて下地の色が破棄され、グラデーションと合成された状態になり、ピンクの色味の代わりに緑と青のグラデーションになりました。

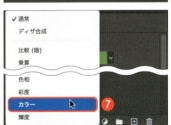

章末問題 レイヤーを操作しよう

素材データには、素材としてあらかじめ月桂樹、テキスト、動物、背景用の円のオブジェクトが入っています。オブジェクトを操作して作例データと同じグラフィックを作成しましょう。

制作条件

演習データフォルダ >> 10 - drill

- 用意されたデータ（10-drillMaterial.psd）を「作例データ」と同じ配置にする
- 必要のないグレーのレイヤーは削除する
- グラデーションの塗りつぶしレイヤーを使用して背景を作成する

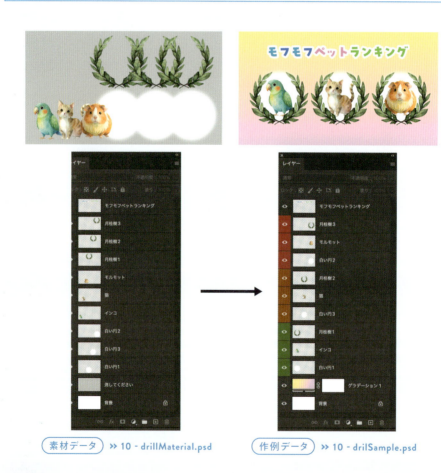

素材データ >> 10 - drillMaterial.psd　　　作例データ >> 10 - drilSample.psd

アドバイス

オブジェクトが多いということはレイヤーも多いということです。［レイヤー］パネルの操作と読み解き方がこの演習のポイントです。画面上の配置だけでなく、レイヤーの順序にも注目してみましょう。

Chapter

11

画像全体の
大きさと色を補正しよう

使いたい写真をPhotoshopで開いたら、はじめにやることはふたつあります。
画像のサイズを確認・修正することと、画像全体の色を修正することです。
こうした作業は、畑からとってきた野菜を
洗ったり切ったりする、料理で言う"仕込み"の部分です。
美味しく仕上げるために欠かせない
基本の"仕込み"を見ていきましょう。

Chapter 11　授業

はじめに「解像度」を学ぼう

「解像度」という言葉を知っていますか？　一般的には「画像の綺麗さ」や「精密さ」というイメージの言葉ですが、厳密には解像度という言葉には2種類の意味があります。この2つを理解しておくと、適切なデータが作れるようになります。

2つの解像度を知ろう

画素数：ディスプレイ、カメラが捉えられるピクセルの数

デジタル画像は、ピクセル（画素）という色のついた四角形が集まってできています 図1 。縦のピクセル数と横のピクセル数をかけた数を「画素数」と言います。スマートフォンやデジタルカメラのスペックなどでよく見かける言葉ですね。

図1 デジタル画像はピクセルの集合体

では次に、デジタルカメラなどで撮影した写真を表示するためのディスプレイについて考えてみましょう。

世の中にはさまざまなディスプレイが存在します。PCやスマートフォンなど、物理的なサイズの大小や、高解像度ディスプレイなどもありますね。写真をこうしたディスプレイで見たとき、写真のピクセルはディスプレイのスペックに応じて、相対的に表示サイズが決定される仕組みになっています。実は、ピクセル自体には物理的・絶対的な大きさ（1mmなど）が定まっていないのです。

解像度（出力解像度）：印刷や画像の書き出しに関わる、ppiで管理されるピクセルの密度

そこで重要になるのが、寸法に対するピクセルの密度を決める「（出力）解像度」です。解像度はppi（ピクセル・パー・インチ）で表され、1インチ（2.54cm）四方にいくつのピクセルが入っているかを定めたものです。

PhotoshopやIllustratorで写真やイラストなどの画像データを扱うとき、はじめに総ピクセル数（画素数）を確認するとともに、出力解像度のppiの値、そこから計算される画像の幅と高さの「寸法（物理的なサイズ）」を適切に設定する必要があります。

図2 「72ppi」の概念図

たとえば次の例を見てみましょう。「寸法（物理的なサイズ）」の設定が同じ5cm四方であっても、ppiの数値で画質が変わります。

図3 ピクセルが多いほうがきれいに見える

逆に、使う寸法を意識せずに同じピクセル数で出力解像度だけを変更すると、Illustratorに配置したときの寸法が変わります。高いppi値の画像はピクセルの密度が高いため、寸法は小さくなります。低いppi値の場合、寸法は大きくなります。

図4 同じ500pixelのデータでppiが異なるデータをIllustratorに配置した例

 ## ppiの値はいくつを設定する？

印刷用途でA4カラーの場合、実際に使用する画像の寸法に対して300ppi〜400ppi程度の数値を設定するのがよいとされています。Webサイト用途の場合は、72ppiを基準にします。高解像度モニタにきれいに表示するために、72×2倍の144ppiが基準値になることもあります。まずはこれらの数値をひとつの基準にしましょう。詳しい操作方法はLesson01で紹介します。

図5「画像解像度」の設定

ただし、Photoshopで350ppiの画像を用意したからといって安心なわけではありません。特に、Illustratorに画像を配置した後に極端に拡大することで、最終的な解像度が変わってくることには注意が必要です。たとえば **図5** のように、5cm四方の300ppiの画像を用意しても、Illustratorで50cm四方に拡大して配置すると、実質35ppi相当の画像になってしまいます。

したがって、Illustrator側で過度に画像を拡大することは解像度の観点からは避け、実際に使用する寸法のデータをPhotoshop側で用意するようにしましょう。

MINI COLUMN

インターネット上から取得した画像は印刷物で使える？

　インターネットで探した画像をダウンロードして使用する場合、印刷したい画像サイズに対して出力解像度を満たせるだけの画像解像度を持っていない場合が多く、画像が粗く見えてしまうのでおすすめできません。

　また、どんな画像も「落ちている」わけはなく、制作者がいます。画像には著作権や肖像権などの権利と守るべき法律があり、解像度以外の観点からも作者や出どころが不明の画像を使用することはやめましょう。

　代案としては、無料で使用可能と明記している素材サイトやCC0（著作権を放棄しているパブリックドメイン）を集めた素材サイト、有料の素材サイトなどを利用しましょう。

スマートフォンで撮った画像は使えますか？

撮影に使ったスマートフォンと使用したいサイズ、写真そのもののコンディションによりますが、大抵は使えます。撮影したデータをPCで開いて、［画像解像度］でデータを確認してみましょう。スマートフォンでトリミングや加工をしてしまうと、保存したときに画質が落ちてしまうので、スマートフォンで加工はせずにPhotoshopで編集してください。

memo

LINEで画像を送ったり、Microsoftのエクセルやワードに画像を貼り付けて送付したりすると画像が劣化してしまいます。外付けドライブ、メールやオンラインストレージ、クラウドサービスなどを使ってデータのやり取りをしましょう。

低い解像度を高くできますか？

出力解像度の数値は変更できますが、画質が変わるわけではないので、数値だけを変えても意味はありません。使用するサイズよりも寸法が大きく、十分なppiがある素材を選んで、必要に応じて小さくしていくのがおすすめです。

そしたら、ものすごく高い解像度ならいいですか？

高ければ高いほどデータ容量が大きくなってしまうので、媒体の寸法に合わせた適切なppiが求められます。たとえば先程紹介した「印刷なら350ppi」は、手元でみるA4程度の寸法を想定したものです。大判のポスターなどの場合はもう少し低い解像度でも問題ありません。

| 練習用データ >> 11-01 |

Chapter 11　実習

Lesson 01　画像サイズと画像解像度を変更しよう

3枚の画像のサイズと出力解像度を指示どおりに調整しましょう。授業編の内容を思い出しながら設定をおこないましょう。

このレッスンでやること
- ☐ 解像度を変更する
- ☐ 画像のサイズを変更する
- ☐ 解像度と画像サイズの関係性を見る

STEP 0　完成を確認する

作業自体は簡単ですが、「解像度」に対する知識がないと本当の理解は難しいセクションです。授業編を読み返しながら設定してみてください。

素材　　　　　　　　　　　完成

図1 11-1Photo-1.jpg

画像の寸法は小さくなる

図2 11-1Photo-1-finish.jpg

図3 11-1Photo-2.jpg

ピクセル数は変わるが画像の寸法は同じ

図4 11-1Photo-2-finish.jpg

図5 11-1Photo-3.jpg

画像の寸法・解像度は小さくなる

図6 11-1Photo-3-finish.jpg

1枚目の画像を開いて「画像解像度」を確認する

1枚目の「11-1Photo-1.jpg」を開きます。気球の画像が開きます。
［イメージ］メニュー→［画像解像度］を開きます❶。画像解像度のダイアログが開きます。

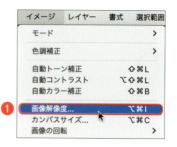

 解像度はそのままで画像の寸法を小さくする

［幅］の単位を［cm］に変更し、［幅］を「10cm」と入力します❷。［OK］ボタンで決定します❸。解像度は変わらず、縦横のサイズが小さくなります。
［ファイル］メニュー→［別名で保存］を選択します。ダイアログが表示されたら［OK］ボタンを押し、元の名前とは違うファイル名を付けて保存してファイルを閉じます。

> **memo**
> ［幅］と［高さ］を結ぶ鎖のアイコンが表示されていれば、高さは自動で変更されます。

 2枚目の画像を開いて「画像解像度」を確認する

2枚目の「11-1Photo-2.jpg」を開きます。朝食の画像が表示されます。［イメージ］メニュー→［画像解像度］を開きます❹。

STEP 4 画像解像度のみを小さくする

［画像解像度］の数値を元の「300ppi」から「72ppi」に変更します❺。［OK］ボタンをクリックします❻。
［ファイル］メニュー→［別名で保存］を選択し、元の名前とは違うファイル名を付けて保存してファイルを閉じます。

> **memo**
> 画像の縦横の寸法が固定された状態で解像度のみを減らすと、ピクセルの数が減ることでファイルの容量が小さくなり、画像は粗く見えます。

202　Lesson 01　画像サイズと画像解像度を変更しよう

STEP 5　単位を変更して寸法を確認・比較する

[別名で保存]したデータと、元のデータ「11-1Photo-2.jpg」をもう一度開きます。
両方に対して、[イメージ]メニュー→[画像解像度]を開きます。幅と高さの単位が「pixel」の状態で、ピクセル数が違うことを確認します。
同じく両方に対して、単位を[cm]に変更し、2枚の画像のcmが同じであることを確認します。確認ができたら2つのファイルを閉じます。

> **memo**
> 画像解像度のみを落とすと、ピクセル数が減るため、一見画像が小さくなったように見えます。ところが、cmやmm表記での寸法は変わりません。元データと同じ寸法が維持されることを確認しておきましょう。

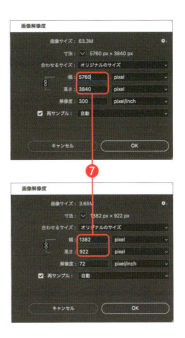

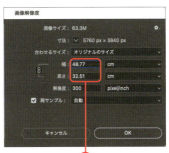

STEP 6　3枚目の画像を開いて[画像解像度]を確認する

3枚目の「11-1Photo-3.jpg」を開きます。少女とテディベアの画像が開きます。
[イメージ]メニュー→[画像解像度]を開きます❾。

STEP 7　[再サンプル]のチェックを外す

[画像解像度]ダイアログの[再サンプル]のチェックを外します❿。

> **memo**
> [再サンプル]のチェックを外すと、幅と高さ、解像度がすべてリンクされ、総ピクセル数が変わらず、相対的に3つの項目が変化します。一方で、単位で[Pixel]を選べなくなります。

図7　「再サンプル」のチェックなし

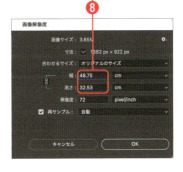

STEP 8 解像度を変更する

[解像度]の数値を「144ppi」に変更し、[OK]ボタンをクリックします⓫。

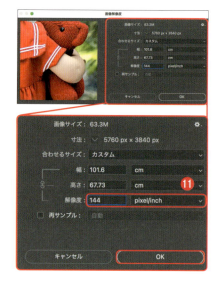

> **memo**
> [解像度]の数値のみが減ると、相対的に寸法が大きくなります(授業編を参照してください)。

STEP 9 幅を変更する

もう一度[再サンプル]のチェックを入れます⓬。
[幅]の単位を[pixel]にし、数値を「1000px」に変更します⓭。[OK]ボタンをクリックすると、幅1000Pixel、144ppiの画像になります。
[ファイル]メニュー→[別名で保存]を選択し、元の名前とは違うファイル名を付けて保存してファイルを閉じます。

> **memo**
> [再サンプル]のチェックを入れると[幅]と[高さ]、[解像度]を別々に設定できます。言い換えると、[再サンプル]にチェックを入れると総ピクセル数の増減ができるようになるので、単位の中から[pixel]を選択できるようになります。

| 練習用データ >> 11-02 |

Chapter 11　実習

Lesson 02　画面の大きさ「カンバスサイズ」を変更しよう

[カンバスサイズ] の設定をおこなうことで「絵の大きさを変えずに画用紙（カンバス）の大きさを変える」という作業ができます。

このレッスンでやること　☐ カンバスサイズを変更する

STEP 0　完成を確認する

カンバスサイズを大きくしてみましょう。

素材

図1 11-2.jpg

完成

図2 11-2-finish.psd

「画像解像度」と「カンバスサイズ」の違いが分からない初心者の方は、実は結構多くいます。両者はまったく別のもの。違いと使いどころをよく覚えておきましょう。

STEP 1　写真を開いて[画像解像度]でサイズを確認する

トリミングの作業に入る前に、[画像解像度]でサイズを確認します。練習データ「11-2.jpg」を開いて、[イメージ]メニュー→[画像解像度]を選択し、単位が[mm]になっている状態でファイルの寸法を確認します❶。確認ができたら[画像解像度]を閉じます。

205

STEP 2 [カンバスサイズ]でサイズを入力する

[イメージ]メニュー→[カンバスサイズ]を選択します❷。[相対]にチェックを入れ❸、[幅]と[高さ]をそれぞれ「50mm」と設定して、[OK]ボタンを選択します❹。
レイヤーが背景レイヤーとしてロックされていて、[カンバス拡張カラー]に白色が指定されている場合❺、白い余白が作成される形でカンバスが大きくなります。

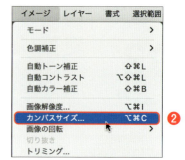

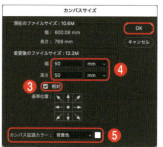

> **memo**
> [カンバスサイズ]ダイアログに表示されている[基準位置]の矢印をクリックすると、その方向を基準に、逆方向にカンバスが増えたり減ったりします。たとえば右矢印をクリックして数値を入力して[OK]ボタンをクリックすると、元の画像が右に固定されて左方向に空白のカンバスが増えます。

MINI COLUMN [切り抜き]ツールでもカンバスサイズを調整できる

　次のLessonで紹介する[切り抜き]ツールは、[カンバスサイズ]と同じように、写真の解像度を変えずに画像をトリミングしたり、余白を設けたりすることができます。[切り抜き]ツールは感覚的に素早く切り抜き操作ができるのがメリットです。これに対して、[カンバスサイズ]は、決められた大きさにカンバス（画像）のサイズを変更できる機能です。

　画像の大きさを変えてほしいと言われたときに、[カンバスサイズ]で正確な数値による変更が必要なのか、ざっくりスピーディーに[切り抜き]ツールで対応するのかを判断できるのが理想的です。

| 練習用データ » 11-03 |

Chapter 11　実習

Lesson 03　画像の方向と傾きを修正しよう

スマートフォンで撮影した写真を見てみたら、縦方向だった、なんてことはないですか？　このLessonでは画像の向きを修正する方法を紹介します。加えて、わずかな傾きを修正する方法や、不足している背景を足す方法も紹介します。

このレッスンでやること
- カンバスを回転する
- カンバスの傾きを修正する
- 画像の足りない部分を埋める

STEP 0　完成を確認する

画像の傾きを直すのはスマートフォンのアプリでもできますね。これと同じ作業をPhotoshopでやってみましょう。最後に生成AIを使って背景の一部を足して整えましょう。

図1　11-3.jpg

図2　11-3-finish.psd

STEP 1　写真を開いて［画像の回転］を実行する

練習データ「11-3.jpg」を開きます。時計回りに90度傾いている写真が表示されます。
［イメージ］メニュー→［画像の回転］→［90°（反時計回り）］を選択します❶。左方向に画像が回転します。

memo
［画像の回転］はほかにも上下や左右を反転したり、任意の角度を入力して画像を傾けたりすることができます。

207

STEP 2 地表に沿って傾きを補正する

地面が傾いているので、水平に補正します。
［切り抜き］ツール ■ を選択します❷。上部のオプションの［角度補正］のアイコン ■ をクリックして選択します❸。カンバス上の斜めになっている地面をドラッグします❹。
ドラッグした線が水平の基準として設定され、画像全体がわずかに傾きます。

STEP 3 傾きでできた隙間を自然に埋める

背景を作ります。
カンバスの右上にカーソルをあてて外側へドラッグします❺。
上部のオプションの［塗り］を［生成拡張］にします❻。
return（Enter）でトリミングの位置を決定します。プロンプトには何も入力せずに［生成］を押します❼。余白（市松模様）が生成AIによる画像生成で埋まります。

> **memo**
> バージョンが古いなどの理由で［生成拡張］が使えない場合は上部のオプションの［塗り］を［コンテンツに応じる］にすると、類似の機能を試せます。こちらは元の色合いなどを参考にデータを補完する機能のため、別の被写体などを作り出すことはできません。

さらに角度を調整する

再度［切り抜き］ツールを選択して、カンバスの右上にカーソルをあてます。オプションの［塗り］が［生成拡張］になっていることを確認し❽、左上にドラッグしてさらに角度を微調整します❾。必要に応じて外側にもドラッグして余白を作り、return（Enter）でトリミングの位置を決定し［生成］を押します❿。

［切り抜き］ツールで画像を切り抜くときの設定

［切り抜き］ツールを選択して内側へドラッグすると、外側のエリアがグレーに表示され、return（Enter）でトリミングができます 図3 。

このときオプションの［切り抜いたピクセルを削除］（ 図4 ）のチェックを外して作業をおこなうと、もう一度［切り抜き］ツールを選択したとき、トリミングされた範囲が示され、外側へドラッグすることで切り抜いた範囲を復活させることができます。

やり直しができて便利な反面、トリミングされているはずの見えない部分のデータが含まれるので、ファイル容量が大きくなることに注意が必要です。基本はチェックをせずに、あとから再編集の必要がありそうな場合にだけチェックを入れるなど、意識的に使い分けたい項目です。

図3 トリミングのプレビュー

図4 ［切り抜き］ツールのオプションバー

209

Chapter 11　授業

「色調補正」の基本を学ぼう

ここからは、色の修正の仕方を学んでいきます。色を修正するには［色調補正］パネルの操作を覚えると応用が効いて便利です。

画像の色を直す意味

　写真を撮ったときに、たとえば顔が暗かったり、全体的に色が黄色っぽくなったりすることはありませんか？　そういった写真はSNSに投稿するときなどにはアプリの機能で明るくしたり、色を変えたりします。これから紹介するPhotoshopの「色調補正」でも同じことがより緻密にできます。

　色を直したり演出したりすることで、自分の写真をよりよく見せようと思うわけですが、この「よく見せたい」という気持ちは、プロも同じです。仕事の場では「春のイベントの写真だから全体を明るく」「料理を美味しく見せたいので青みがかった色を修正する」といった、写真の用途に沿った色の修正がされています（青は食欲を減退させる色と言われます）。みなさんも、自分の手元にある写真をどう見せたいのか、どう感じてもらいたいのかを考えながら画像の色調を補正していきましょう。

［色調補正］パネルについて

　まずPhotoshopの［色調補正］パネル全体について説明します。

　［ウィンドウ］メニュー→［色調補正］を選択すると、［色調補正］で使える機能が一覧で表示されます。［色相・彩度］や次で紹介する［明るさ・コントラスト］はこの中の機能です。

　試しに［色相・彩度］を選択すると、［プロパティ］パネルの表示が変わります。［色調補正］においては、［プロパティ］パネルも重要なパネルなので、あらかじめわかりやすいところに表示しておくことをおすすめします。

　このように［色調補正］パネルから［色相・彩度］などの項目を選択して操作すると、［色調補正］レイヤーが作成されます。そのレイヤーの下にある画像のレイヤーの見た目に影響が出る仕組みです。

図1　［色調補正］パネル

［色相・彩度］について

　それでは、［個々の調整］から［色相・彩度］ボタンを選んでクリックしてみましょう。
　［色相・彩度］を選択すると、実際には色相・彩度・明度の3つのパラメーターがあります。この3つはデザインを学ぶ上で重要なキーワードなので、Chapter5のおさらいをしてみましょう。

色相（しきそう）

　色相とは、赤・黄・青…などの「色合い」のことです。
　赤と黄色を混ぜるとオレンジ、黄色と青を混ぜると緑、というふうに色同士が混ざり合うと別の色になり、これがグラデーションのように色合い同士がひとつの円で繋がっています。これを「色相環」と言います。PhotoshopやIllustratorの「色相」はこの色相環の考えに基づいて、長方形状に表示されています。

彩度（さいど）

　色の鮮やかさのことです。彩度が低い色は「くすんだ色」になります。

明度（めいど）

　色の明るさのことです。明度が低い色は「暗い色」になります。

　Photoshopの［色相・彩度］では、この色相・彩度・明度の3つをコントロールして色を調整していきます。たとえば、同じ元データ・同じ色相であっても、彩度と明度の数値を変更すると、その組み合わせによって写真の印象が変わってきます。

図2 元画像

図3 ［彩度］高い、［明度］高い

図4 ［彩度］高い、［明度］低い

図5 ［彩度］低い、［明度］高い

図6 ［彩度］低い、［明度］低い

　さて、このChapterではサンプルデータを使って①全体の色を変える方法と②一部の色を変える方法を紹介します。②については、元の写真の色によってはうまく範囲を指定できないこともあります。その場合は、Chapter12で解説している「選択範囲」を作成してから、この［色調補正］パネルを試してみてください。

［明るさ・コントラスト］を調整するいろいろな機能

　全体的に暗い写真には［明るさ・コントラスト］を使うのが手軽な方法です。言葉の意味を掴んで試してみましょう。
　［色調補正］パネルは、明るさやコントラストを調整できる項目がほかにもあります。たとえば［レベル補正］や［トーンカーブ］などがその代表です。操作に慣れてきたら挑戦してみましょう。

◉［明るさ・コントラスト］について
　明るさとコントラストとは、いずれも相対的な考え方です。

明るさ
　明るさとは、物体に反射する光の量や強度によって決まる、モノの見え方の指標です。明るさという言葉は光の具合からなる画像の印象を示す言葉です。

図7 明るさ

コントラスト
　コントラストは画像中の明るさの差異を表します。画像のコントラストが高い場合、明るい部分と暗い部分の差が大きく、画像は鮮明で際立って見えます。一方、コントラストが低い場合、明るい部分と暗い部分の差が少なく、画像はぼやけたり平坦に見えたりすることがあります。

図8 コントラスト

印象を左右する［明るさ・コントラスト］

　明るくコントラストが際立っている写真は元気なイメージを持ちます。逆に明るさが抑えられていてコントラストが弱い写真は落ち着いた印象を持ちます。とはいえ、被写体や写真の構図によっても異なるので、一概に明るければいい、コントラストがはっきりしていればいい、というものではありません。たとえばコントラストが強すぎると、曇り空などの薄い色が消えてしまう場合もありますし、低すぎるとぼんやりした印象になります。

図9 明るさ・コントラスト低め

図10 明るさ・コントラスト高め

　重要なのは、画像の作り手がどのような印象を与えたいかということと、画像同士の統一感です。特に複数の画像を同じデザインで扱う場合には、写真同士の明るさとコントラストの印象を揃えるように工夫しましょう。

| 練習用データ >> 11-04 |

Chapter 11　実習

Lesson 04　画像の[明るさ・コントラスト]を調節しよう

Photoshopではさまざまな機能で画像全体を明るくする・暗くすることが可能です。ここでは最も簡単な[明るさ・コントラスト]について紹介します。

このレッスンでやること
- □「明るさ」と「コントラスト」で写真の印象を変える
- □ 2枚の画像を比較する

STEP 0　完成を確認する

「明るさ」と「コントラスト」を調整すると、写真の印象が大きく変わります。数値にとらわれすぎずに、まずはどんなふうに写真を見せたいかを考えながら設定してみてください。

図1　11-4Sample.jpg　11-4.jpg

図2　11-4-finish.psd

STEP 1　写真を開く

練習データ「11-4Sample.jpg」と「11-4.jpg」を開きます。[ウィンドウ]メニュー→[アレンジ]→[2分割表示-垂直方向]を選択すると、2枚の画像を見比べるような配置で並べることができます❶。
カンバスをクリックして選択したほうの画像に関する情報がレイヤーに表示されるので、はじめに「11-4.jpg」の画像（カンバス）をクリックして選択しておきます。
暗い写真を見本に合わせて修正してみましょう。

STEP 2 ［明るさ・コントラスト］で明るくする

［色調補正］パネルを開きます。［個々の調整］→［明るさ・コントラスト］をクリックします❷。すると Photoshopの画面（ワークスペース）の中で、次のふたつが変化します。

- ［プロパティ］パネルが［明るさ・コントラスト］になる❸
- レイヤーに［明るさ・コントラスト］の調整レイヤーが作られる❹

［プロパティ］パネルの［明るさ］［コントラスト］の2つのスライダーを調整して（ここでは、［明るさ］を「+140」、［コントラスト］を「-40」に設定）、画像を明るく、コントラストの強い画像にしていきます❺。
［ファイル］→［保存］を選択し、PSD形式として保存します。

> **memo**
> 間違った項目を選択してしまった場合や、はじめからやり直したい場合には、［レイヤー］パネルから調整レイヤーを選択して下部のゴミ箱のアイコンへドラッグします。キー操作の場合は delete を2度押します。これは1度目のキー操作でレイヤーマスクが削除され、2度目で調整レイヤーが削除されるためです。レイヤーマスクについては（P.219）で解説しています。

> **memo**
> ［明るさ・コントラスト］などの項目名を複数回クリックしてしまうと、［レイヤー］パネル上で［調整］レイヤーが重複してしまうので気をつけましょう。
> また、スライダーは一度に動かさず、少しずつ動かして実際の画像の変化を見ながら作業しましょう。

214　Lesson 04　画像の［明るさ・コントラスト］を調節しよう

| 練習用データ ≫ 11-05 |

Chapter 11　実習

Lesson 05　[色相・彩度]で写真の色を変えよう

さまざまな理由で写真の色を変えたいときがあります。ここでは[色調補正]パネルの見方と[色相・彩度]を使って、写真全体の色を変える方法を紹介します。

このレッスンでやること
- [「色相」と「彩度」で画像の色味を変える

STEP 0　完成を確認する

[色相・彩度]を使って、画像全体と、一部を修正してみましょう。まずはほんのり修正します。やりすぎると不自然になってしまうので気をつけてくださいね。

図1 11-5.jpg　　　図2 11-5-finish.psd

画像の右側の石鹸のパッケージの色に注目してみてください。わかりにくければさらにパラメーターを調整するのもOKです。

STEP 1　写真とパネルを開く

練習データ「11-5.jpg」を開きます。
[ウィンドウ]メニューから[色調補正]パネルと[プロパティ]パネルを表示しておきます。
[色調補正]パネルの[個々の調整]→[色相・彩度]をクリックします❶。

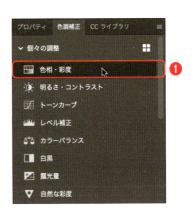

[彩度]のスライダーをドラッグする

Photoshopの画面（ワークスペース）の中で、次のふたつが変化します。

- [プロパティ]パネルが［色相・彩度］になる❷
- レイヤーに［色相・彩度］の調整レイヤーが作られる❸

［彩度］のスライダーを左にドラッグすると無彩色に近くなり、右方向にドラッグするとより鮮やかな色になります。
彩度を低くして（ここでは「-20」に設定）少し落ち着いた色合いにします❹。

 [明度]のスライダーをドラッグする

［明度］のスライダーを左方向にドラッグすると黒に近づき、右方向にドラッグすると明るく、白に近くなります。明度を少し高くし（ここでは「+10」に設定）、明るい印象に仕上げます❺。

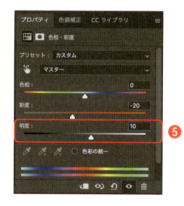

STEP 4　紫色を変える①

［色相・彩度］パネルの 🖐 をクリックします❻。アイコンがスポイトの形状になるので、カンバス上の紫色の部分をクリックすると❼、STEP2と3で設定した数値が「0」になります❽。

STEP 5　紫色を変える②

［色相］のスライダーをドラッグ操作すると紫色と類似した色が変化します。左方向に修正して（ここでは「-30」に設定）、紫色を青に近づけます。また、［彩度］のスライダーを右方向にドラッグします（ここでは「+5」に設定）❾。

章末問題 画像を修正しよう

素材データの3枚の素材画像を指示通りに修正して、作例データと同じ状態にしてください。

> **制作条件** 　　　　　　　　　　　　　　　演習データフォルダ ≫ 11 - drill
> - りんごの画像（11-drillMaterial1.jpg）：700px × 700px の72ppiの画像にする
> - カフェの画像（11-drillMaterial2.jpg）：正しい向きに回転させてから白黒にする
> - インテリアの画像（11-drillMaterial3.jpg）：ポスターの青いインクの色をピンク系に変更する

素材データ

≫ 11 - drillMaterial1.jpg　　≫ 11 - drillMaterial2.jpg　　≫ 11 - drillMaterial3.jpg

作例データ

≫ 11 - drillSample1.jpg　　≫ 11 - drillSample2.psd　　≫ 11 - drillSample3.psd

> **アドバイス**
>
> 　作業の順序としては、画像の向きや解像度を整え、必要に応じてトリミングをおこないます。①についてはいくつか方法があるのですが、［切り抜き］ツールを使う場合は、［オプション］で「1：1（正方形）」などの比率を指定したトリミングもできるので、はじめにこちらを活用した上で解像度を調整しつつ、必要に応じて［生成拡張］も活用するのがおすすめです。

Chapter

12

画像の選択範囲を指定しよう

このChapterでは、Photoshopの選択範囲について紹介します。画像の修正や合成といった作業では、Photoshopに、「どこを」「どうする」という操作をおこなっていきます。この、「どこを」の指定に必要なのが「選択範囲」です。

Chapter 12　授業

「選択範囲」って何?

私たちは紙に色を塗るとき「ここからここまで赤を塗る」ということを判断しながら作業をしていますよね。コンピュータ上で同じような作業をおこなうときも同じで、「ここからここまでの場所」をアプリ上で指定して作業をはじめます。この指定が「選択範囲」の役割です。

「選択範囲」は作業をする場所を決めるために作るもの

Illustrator編にも出てきた「選択」という言葉。Photoshopでは選択の範囲を指定する「選択範囲」という機能がよく使われます。Photoshopに対して、"ここからここまで"を指示するのが「選択範囲」の役割です 図1 。選択範囲を作成すると、作成されたエリアが、動く破線で囲まれますが、選択範囲を作っただけでは画像には何も変化は起きません。このChapterでは画像に応じた選択範囲の作り方のテクニックとともに、画像を切り抜く「レイヤーマスク」という切り抜きのテクニックを紹介していきますが、選択範囲の活用方法はほかにもいろいろあります。選択範囲の作成は作業のための最初の一手なのです。

図1 作業領域を指定するための「選択範囲」

ちなみに、Adobe製品以外のデザイン・イラストの制作アプリにも「選択範囲」が使われています。一度覚えると応用の効く機能ですね。

「選択範囲」でできること

「選択範囲」は、修正や効果を適用する場所を指定したり、範囲を限定したりすることができます。

たとえば唇の色を変えたい、明るくしたい、といった場合を考えてみましょう。[色調補正]パネルを使って[色相・彩度]をコントロールすることで、色の一部を変える・明るくすることはできますが、この操作だけでは場所（唇だけ）を指定して修正することは難しいのです。

そこで、まず「範囲」を指定します。選択範囲を作るツールはたくさんありますが、代表的なものを見ていきましょう。本書では写真や目的に合わせて一部を紹介します。

① ［長方形選択］ツール

　ドラッグすると長方形の形で選択範囲が作れます。

② ［楕円形選択］ツール

　ドラッグすると正円や楕円の形で選択範囲が作れます。

図2 決められた形で選択範囲を作るツール

③ ［選択ブラシ］ツール

　近年登場したツールです。ブラシで選択範囲のエリアが指定できます。選択範囲の仕組みを理解した上で利用することをおすすめします。

④ ［なげなわ］ツール

　［なげなわ］ツールはマウスなどで範囲を囲むことで、囲んだエリアを選択範囲にしてくれるツールです。直感的に操作できるので初心者にも扱いやすいツールのひとつです。

図3 自由に選択範囲を作るツール

⑤ ［多角形選択］ツール

　［多角形選択］ツールでクリックしながら範囲を作ることで、［なげなわ］ツールが難しいユーザーであっても選択範囲が作れます。

⑥ ［マグネット選択］ツール

　被写体（写っているモノ）の境界に［マグネット選択］ツールを選択した後カーソルをあててクリックすると、境界を認識してドラッグ操作のみで範囲を作成してくれます。必要に応じてクリックしても選択範囲が作れます。

⑦ ［オブジェクト選択］ツール

　AIがオブジェクトを見分けて全自動で選択するツールです。候補がピンク色でハイライトされるので、クリックして決定すると選択範囲が作成されます。

⑧ ［クイック選択］ツール

　クリックやドラッグで選択範囲を半分自動で作成してくれます。マウスの操作加減で範囲が決まるので、操作に慣れると便利に作業できます。

図4 写真の内容によって選択範囲を作るツール

⑨ ［自動選択］ツール

　クリックした範囲の色と同じ部分を自動的に選択してくれます。背景色が単色の場合などに向いています。範囲はオプションで調整も可能なのである程度の柔軟性もあります。

「選択範囲」の後にできること

「選択範囲」を作った後でできる作業はいろいろありますが、例として利用頻度の高いものを4つ紹介します。

- 選択範囲を ⌘（Ctrl）＋Ⅹでカット＆⌘（Ctrl）＋Ⅴでペーストして移動する

図5 長方形で選択してカットする　　図6 ペーストすると左右を移動できる

- 選択範囲を「レイヤーマスク」に変換して画像の背景を切り抜きする

図7 選択範囲を作成する　　図8 「レイヤーマスク」で切り抜く

- 選択範囲に対して［ブラシ］ツールや［修復ブラシ］ツールでピクセルを加工する

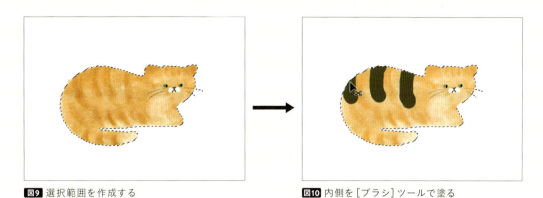

図9 選択範囲を作成する　　　　　　　　　図10 内側を［ブラシ］ツールで塗る

- 選択範囲に対して［色調補正］をおこなう

図11 耳の部分を選択する　　　　　　　　　図12 ［色調補正］で色を変更する

 「選択とマスク」（P.228）機能の意味がわかりません。これは何ですか？　使う必要はありますか？

使わなくてもなんとかなりますが、使えると便利です！
「選択とマスク」は、選択範囲を作ってマスクする、という動作を専用の画面でできるので、一度作った選択範囲やマスクを再度調整するのにも便利です。
「選択とマスク」を使わなくても選択範囲やマスクを作ること自体はできますが、たとえば髪の毛や動物の毛といった繊細な選択範囲やマスクを作るときや、一度作った選択範囲やマスクを調整するときに起動して使えるようになるといいですね。たとえばLesson02の自動選択と組み合わせると作業効率がグンとあがります。

| Chapter 12　実習

|練習用データ ≫ 12-01|

Lesson 01 「選択範囲」を作るための基本動作を学ぼう

はじめに選択範囲の操作のために必要な動作を覚えましょう。 練習データと同じ形を「選択範囲」で作成してから、選択範囲が作れたかどうか確かめるために、選択範囲に［色調補正］レイヤーを適用します。

このレッスンでやること
□ 選択範囲の作成・編集・削除をする　□ 選択範囲の中で色を塗る

STEP 0　完成を確認する

［クイック選択］ツール はドラッグやクリックした部分の周辺エリアの選択範囲を半自動的に作ってくれるツールです。このLesson最後のステップはChapter11のLesson05と同じです。範囲を限定しているので、選択している部分以外は変更されません。

図1 12-1.psd

図2 12-1-finish.psd

STEP 1　［クイック選択］ツールで選択範囲を作成する

練習データ「12-1.psd」を開きます。
［クイック選択］ツール を選びます❶。
オプションでブラシのサイズを選び❷、バラの花の部分をクリック、もしくは少しずつドラッグします❸。選択範囲が作成できました。

STEP 2 選択範囲を広げる

ほかのバラにもクリックもしくはドラッグをおこない、選択範囲を広げます❹。少しずつ作業するのがコツです。間違えたら ⌘（Ctrl）＋ Z でこまめに戻りましょう。

> **memo**
>
> ［クイック選択］ツールはクリックやドラッグした範囲を半自動的に選択範囲とみなすツールなので、クリックやドラッグ操作で選択範囲が自動的に追加されます。
> これに対して、［長方形選択］ツールや［なげなわ］ツールで選択範囲を広げる場合は、選択範囲が作られた状態で shift を押しながらドラッグすると、すでにある選択範囲に新しく範囲を追加できます。

STEP 3 option（Alt）を押しながら選択範囲を削除する

［なげなわ］ツール を選択します❺。 option（Alt）を押しながら、茎など緑色の、余計に選択されてしまった部分をドラッグします❻。ドラッグした分が選択範囲から差し引かれます。

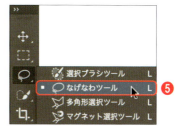

STEP 4 ［色調補正］レイヤーを適用する

［色調補正］パネルから［色相・彩度］を選択します❼。
をクリックした後に花びらをクリックし❽、変化させる色域をピンク系に限定します。
［色相・彩度］のスライダーを以下の数値を参考に調整して、淡い紫の色に仕上げます❾。

色相（レッド系）........-64
彩度 ....-50
明度 ....+20

225

| Chapter 12　実習 | 練習用データ ≫ 12-02 |

Lesson 02　簡単に画像を合成してみよう

写真の中に写っている主題のことを「被写体」と言います。それ以外のものは「背景」と言います。パッと見てどれが被写体かが分かりやすい写真であれば、簡単に背景を削除できます。

このレッスンでやること
- ［背景を削除］を使って被写体を切り抜く
- 別の画像を背景として合成する

STEP 0　完成を確認する

選択範囲を作る目的のひとつが被写体の輪郭に沿った「レイヤーマスクによる切り抜き」です。レイヤーマスクを作るには通常、選択範囲が必要ですが、ここでは自動で背景のレイヤーマスクを作成し、そのまま背景と合成するテクニックを紹介します。

素材
図1 12-2.jpg　　図2 12-2bg.jpg

完成
図3 12-2-finish.psd

STEP 1　データと［コンテキストタスクバー］を開く

練習データ「12-2.jpg」を開きます。
［ウィンドウ］メニュー →［コンテキストタスクバー］を表示します❶。

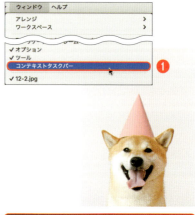

STEP 2 [背景を削除] ボタンをクリックする

コンテキストタスクバーの [背景を削除] をクリックすると、背景がマスクされ、透明になります❷。

STEP 3 [背景] 用画像を選択する

コンテキストタスクバーの [背景を読み込み] を選びます❸。「12-2bg.jpg」を選んで❹バウンディングボックスで位置を調整し、return（Enter）で決定します❺。背景写真との合成ができました。

MINI COLUMN　思ってたのと違う！　背景／被写体の範囲を変更するにはどうしたらいいの？

今回紹介した背景をマスクする作業は本来、次の操作が必要になります。

① 「選択範囲」を指定する
② 「選択範囲」からレイヤーマスクを作る
③ [選択とマスク] の画面、もしくはレイヤーマスクを調整して範囲を調整する

このLessonで紹介している [背景を削除] は、上記のうち①②の操作をボタンひとつで全自動でおこなう機能です。便利な反面、時にはかゆい所に手が届かない場合もあると思います。たとえばこの作例は、実際のデータを拡大してみると実は犬の毛があまり綺麗に切り抜けていません。こういった場合は、あとから③[選択とマスク] の調整をおこないます。

図4 [背景を削除]を実行したマスク

[選択とマスク] は、背景や被写体の範囲を個別に調整することができます。次のLessonで、③[選択とマスク] について紹介します。正解はひとつではありません。被写体や作りたいものにあわせてPhotoshopの機能を選べることが理想的です。

Chapter 12　実習　｜ 練習用データ ≫ 12-03 ｜

Lesson 03　[選択とマスク]で選択範囲を調整しよう

[選択範囲]メニューの[選択とマスク]を選ぶと、選択範囲とレイヤーマスクを作成するための専用画面が開きます。[選択とマスク]の画面を使用することで、マスクの表示を見やすくしたり、全体的に内側へ追い込んだり、ふわふわしたモノへの調整がやりやすくなります。

このレッスンでやること
- [選択とマスク]の画面を操作する
- 作成した選択範囲を調整する
- [被写体を選択]を使う
- レイヤーマスクを作成する

STEP 0　完成を確認する

人物の切り抜きにトライしてみましょう。9割は自動選択でうまくできますが、細かいニュアンスを仕上げるために[選択とマスク]の機能を知っておくと仕上がりに違いが出ますよ。

素材
図1 12-3.psd

完成
図2 12-3-finish.psd

STEP 1　データを開いて[選択とマスク]画面を開く

練習データ「12-3.psd」を開きます。
[選択範囲]メニュー→[選択とマスク]を選択します❶。[選択とマスク]の画面に切り替わります。

> **memo**
> [選択とマスク]の画面を閉じるには、右下の[キャンセル]ボタンをクリックするか、[esc]で閉じます。

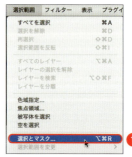

228　Lesson 03　[選択とマスク]で選択範囲を調整しよう

STEP 2 ［被写体を選択］ボタンをクリックする

上部のオプションにある［被写体を選択］ボタンをクリックします❷。被写体の選択範囲が作成できました。

> **memo**
>
> 右側には下向きの矢印をクリックすると［被写体を選択］のアルゴリズムを［デバイス］と［クラウド］から選べます（どちらを選んでも大丈夫です）。

図3 ［被写体を選択］のアルゴリズムの選択

STEP 3 ［表示モード］を選んで、マスクの範囲を見やすくする

画面右側（属性）の上部にある［表示モード］では範囲の表示を変更できます❸。［オーバーレイ］の色が見にくい場合は［不透明度］のスライダーを調整したり、［カラー］を別の色へ変更したりできます。初期状態では選択されていない部分＝マスクされる範囲が赤色で示されます。

> **memo**
>
> いずれも操作しやすい設定であれば問題ありません。［点線］を選ぶと、これまで紹介してきた選択範囲の点線と同じ見た目になります。ここでは初期設定の［オーバーレイ］で進めています。

STEP 4 画面を拡大する

作業しやすいように、写真を拡大します❹。拡大のショートカットは通常のPhotoshopの操作と同じです。
また、左側のツールパネルの中にある［ズーム］ツールを使用してもよいでしょう。［ズーム］ツールを使用する場合は、上部のオプションバーで拡大・縮小を選べます。

STEP 5 ［クイック選択］ツールでマスクの範囲を調整する

左側のツールパネルの［クイック選択］ツール をクリックします❺。上部のオプションバーの［-］（マイナスアイコン）をクリックし、サイズを小さめにします（ここでは「13」に設定）❻。選択が漏れている部分をドラッグすると、半自動でマスク範囲が埋まり、適正に修正されます❼。

> **memo**
> 少しずつドラッグしてマスク範囲を増やしていくのがコツです。失敗したら ⌘（Ctrl）+ Z で作業を取り消しましょう。選択範囲を増やしたい場合はオプションバーの［+］（プラスアイコン）をクリックしてドラッグします。

STEP 6 ［境界線調整ブラシ］ツールで髪の毛を調整する

髪や動物の毛など、境界が複雑な被写体や背景は［境界線調整ブラシ］ツールを使うときれいに選択できます。左側のツールパネルの［境界線調整ブラシ］ツールをクリックします❽。上部のオプションの［-］（マイナスアイコン）をクリックし、［直径］を小さめ、［硬さ］を柔らかめにします❾。背景にしたい部分をドラッグすると、境界を判断した上で、適正に修正されます❿。髪と背景の間をブラシで調整します。

STEP 7 ［ブラシ］ツールではっきりとした範囲を作成する

被写体と背景がはっきりしていて、［クイック選択］ツールでは範囲が曖昧になると感じる場合は、［ブラシ］ツールを使用します⓫。
ブラシの軌跡がそのまま範囲として反映されるので、オプションバーの［+］（プラスアイコン）、［-］（マイナスアイコン）を切り替えながら範囲を作っていきます。肩の部分をなぞって明瞭な範囲を作成します⓬。

STEP 8 [エッジをシフト] を試す

右側の [属性] パネルには範囲の境界を調整する項目が用意されています。
このうち、[グローバル調整] の [エッジをシフト] のスライダーを数%マイナスにすると（ここでは「-10%」に設定）、作成した範囲よりも内側にマスクなどを作成できます⓭。数値が大きいと被写体が欠けてしまう原因にもなるので注意が必要です。

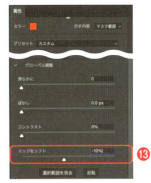

STEP 9 [出力設定] でレイヤーマスクを作成する

右側の「属性」の一番下にある [出力設定] の文字をクリックすると矢印が下向きになり、コンテンツが展開されます⓮。[出力先] のプルダウンを [選択範囲] から [レイヤーマスク] に変更し、[OK] ボタンをクリックします⓯。元の画面に戻ると同時にレイヤーマスクが作成され、背景が切り抜かれました⓰。

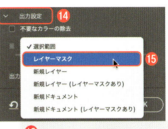

STEP 10 背景用のレイヤーを作成する

[レイヤー] メニュー→[新規塗りつぶしレイヤー]→[べた塗り] を選択し、[新規レイヤー] ダイアログはそのまま [OK] ボタンをクリックします⓱。
[カラーピッカー] で任意の色を設定します⓲。[レイヤー0] レイヤーの前面に塗りつぶしレイヤーが配置されます⓳。
[レイヤー] パネルで [塗りつぶし] レイヤーを下へドラッグして [レイヤー0] レイヤーの背面に配置して完成です⓴。

Chapter 12　実習

Lesson 04 複数の被写体を選択&調整しよう

複数の被写体が写っている場合は、選択する範囲をユーザーが指定する必要があります。自動で選択範囲を作れるツールと微調整できるツールとを併用していきましょう。

このレッスンでやること
- 選択範囲を指定する
- 作った選択範囲を調整する
- 選択範囲を反転する

STEP 0　完成を確認する

Lesson03とは別のツールを使った選択範囲の作り方と調整方法を紹介します。被写体ではなく背景側を選択したい場合は、一旦被写体を選択してから「反転」するのもひとつの方法です。

図1 12-4.jpg

図2 12-4-finish.psd

STEP 1　データを開いて［オブジェクト選択］ツールを選択する

練習データ「12-4.jpg」を開きます。
ツールパネルから［オブジェクト選択］ツール を選びます❶。

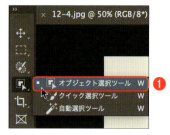

選択したい被写体をクリックする

[オブジェクト選択] ツールの状態で選択したい被写体の上にカーソルをあてると、その範囲がピンク色（初期値）で表示されます❷。クリックすると選択範囲の点線で表示されます❸。

[オブジェクト選択] ツールと、[選択ブラシ] ツールは選んだ範囲がピンク色（初期値）で表示されます。これは点線で示される選択範囲のひとつ手前の段階です。範囲を決定すると選択範囲の点線で示されます。

選択したい被写体を追加する

[オブジェクト選択] ツールでオブジェクトをクリックしている状態で、shift を押しながら別の被写体をクリックすると、クリックした被写体が選択範囲に追加されます❹。すべての小物を選択します。

[選択ブラシ] ツールで選択範囲を調整する

[選択ブラシ] ツール を選びます。オプションの [選択範囲から削除] を選んで❺、ブラシのサイズを調整してから画面上をドラッグすると、操作した部分の選択範囲が削除されます❻。画像のブラシの根本部分を選択範囲から除外します。
[選択範囲に追加] を選んで、画像の刷毛の毛先を選択範囲に追加します❼。
[移動] ツール など、別のツールを選ぶと点線の選択範囲が作成されます。

選択範囲を反転する

［選択範囲］メニュー→［選択範囲を反転］を選択します❽。被写体を選択していた選択範囲が反転し、背景が選択されます。

［色調補正］パネルで［色相・彩度］を選択し❾、［色相］を「+80」に、［彩度］を「-29」に設定し、背景の色合いを変更します❿。

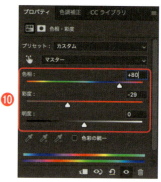

| 練習用データ >> 12-05 |

Chapter 12　実習

Lesson 05　「パス」ではっきり・しっかり選択しよう

ここまで自動でかんたんに選択範囲を作れる機能を紹介してきました。ところが実際には、写真の質が悪く自動ではうまくいかない場面もあります。そこで最後の砦として覚えておきたい「パス」を使った切り抜きを紹介します。

このレッスンでやること　□「パス」を操作する　□「パス」で選択範囲を作る

STEP 0　完成を確認する

この［パスによる切り抜き］は低解像度の画像でも明瞭な選択範囲を指定できるため、プロの現場では必須のテクニックです。一方で動物など境界が曖昧な柔らかいものには向かないので、うまく使い分けられるのが理想です。

図1 12-5.jpg

図2 12-5-finish.psd

STEP 1　データを開いて［ペン］ツールを選択する

練習データ「12-5.jpg」を開きます。
［ペン］ツール を選択します❶。

STEP 2 [ペン] ツールのオプションを設定する

オプションバーの [ツールモードを選択] のプルダウンを [パス] に変更します ❷。歯車のマークをクリックして、[パスオプション] で太さや色などを見やすく変更しておきます ❸。

> **memo**
> [ツールモードを選択] が [シェイプ][ピクセル] の場合は [ペン] ツールで選択範囲を作る作業はできません。

STEP 3 パスの始点をクリックする

選択範囲を作成したい部分の始点でクリックします ❹。この点を「アンカーポイント」と言います。

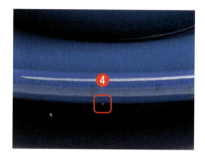

> **memo**
> 基本的な用語はIllustratorの [ペン] ツール (P.107参照) やパスと同じです。

STEP 4 2点目をクリックする

2点目をクリックすると1点目と2点目が直線で表示されます ❺。アンカーポイント同士で結ばれた線を「セグメント」と言います。

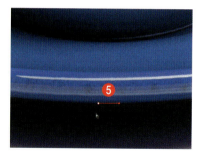

STEP 5 クリック&ドラッグして曲線を描く

3点目をクリック&ドラッグすると「ハンドル」という先端が丸になっている線が表示されます ❻。これにより、曲線のセグメントを描けます。
4点目も同様にクリック&ドラッグします。ハンドルの長さ・角度によって2点目と3点目、あるいは3点目と4点目を結ぶセグメントの形が変化します ❼。

option（Alt）+クリックして曲線から直線を描く

クリック＆ドラッグしてアンカーポイントを作成します❽。ハンドルを表示させてから、option（Alt）を押しながらアンカーポイントをクリックすると、片方のハンドルが非表示になり、曲線から直線への切り替えができます❾。

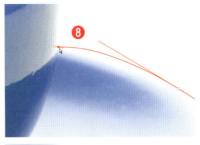

> **memo**
> この option（Alt）の有無がIllustratorとPhotoshopで異なります。Illustratorではアンカーポイントの上でクリックするとハンドルが片方なくなりますが、Photoshopはクリックだけではなくならず、option（Alt）が必要になります。

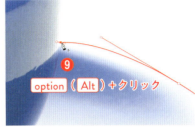

 操作を繰り返してパスを一周させる

STEP4〜6の作業を必要に応じて繰り返し、パスを一周させます❿。多少のズレは後から修正できるので、まずは一周させましょう。

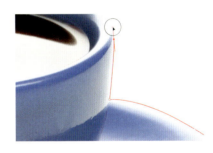

 パスの中にパスを描いて形を抜く

パスを一周させたら、そのまま［ペン］ツールでパスの中の切り抜きたい部分のパスを描いていきます⓫。
このとき、オプション項目が［シェイプが重なる領域を中マド］になっていることを確認しておきましょう（何も操作していない状態だと、はじめからこの項目が選択されています）⓬。

237

STEP 9 パスを修正する

パスの位置を修正するには［パス選択］ツール を選んでから修正したい範囲をクリック、もしくはドラッグして範囲を選びます。

選んだアンカーポイントやハンドルをドラッグ操作や矢印キーで操作して、修正します⓭。まずはパスを一周させてから細部を修正するとスムーズです。

> **memo**
> パスの一部を削除するには、［パス選択］ツールで削除したいアンカーポイントを選んで delete を押します。［パスコンポーネント］ツールでクリックすると、クリックしたパスに関するアンカーポイントとセグメント全体が選ばれるので、 delete を押すと選んだパスがすべて削除されます。

STEP 10 ［作業用パス］に名前を付ける

［ウィンドウ］メニュー→［パス］をクリックして［パス］パネルを表示します⓮。

［パス］パネルの［作業用パス］欄にここまでのパスが記録されています。

［作業用パス］の名前部分をダブルクリックして［パスを保存］ダイアログを表示させ⓯、名前を付けて［OK］ボタンを押します⓰。名前が「パス1」に変化しました。任意の名前を付けても構いません。

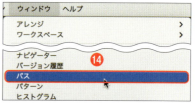

> **memo**
> ［作業用パス］機能は1つのドキュメントに1つしか使えません。1枚の画像に複数のパスを作りたい場合は、レイヤーのように複数のパスの名前が必要になります。今回は1枚のパスだけでよいため、このSTEPは省略しても構いませんが、複数のパスが必要になることもあるので、［パス］パネルの操作と名前の付け方は覚えておくとよいでしょう。なお、パスを描いていない状態（STEP2の段階）で［パス］パネルの［パネルメニュー］→［新規パス］を選択して、はじめに名前の付いたパスを作る方法もあります。

STEP 11 選択範囲を作る

[パス] パネルで名前を付けたパス（あるいは [作業用パス]）が選択されている状態で、パネル下部の [パスを選択範囲として読み込む] ボタンをクリックするか、もしくは [パネルメニュー] ■ から [選択範囲を作成] を選ぶと選択範囲が作成されます❶。

[選択範囲を作成] ダイアログの設定はそのまま [OK] ボタンをクリックします❶。

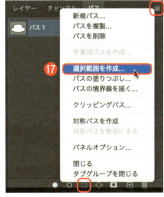

STEP 12 [レイヤー] パネルからレイヤーマスクを作る

[レイヤー] パネルの下部にある [レイヤーマスクを作成] アイコン ■ をクリックすると選択範囲からレイヤーマスクを作成できます❶。

章末問題 選択＆レイヤーマスクで画像を修正しよう

素材データの2枚の素材画像を指示通りに修正して、作例データと同じ状態にしてください。

> **制作条件** 　　　　　　　　　　　　　　　　　　　演習データフォルダ >> 12 - drill
>
> - ウサギの画像（12-drillMaterial1.jpg）：被写体のレイヤーマスクを作成し、被写体を切り抜く
> - ミニカーの画像（12-drillMaterial2.jpg）：背景を暗く、コントラストをやや強めにする

>> 12 - drillMaterial1.jpg　　　　　　>> 12 - drillMaterial2.jpg

>> 12 - drillSample1.psd　　　　　　>> 12 - drillSample2.psd

> **アドバイス**
>
> ウサギの画像は［選択とマスク］でどこまで細部を調整できるかが重要です。自動で選択をしても、たとえば後ろ足などが選択できていないこともあります。細かく確認しながら調整をおこないましょう。ミニカーの画像ははじめにミニカー側を選択し、［選択範囲の反転］で反転して背景側を選択するのがおすすめです。

Chapter

13

写真の一部を
修正&加工しよう

自分で写真を撮影し、取り込む作業は楽しい時間です。
ところが実際にPCで開いてみると、思っていたのと違う、となることもしばしば。
デザインの一部として使用することを考えると、
いろいろと過不足があったり、拡大してみると
「ちょっと直したいな……」と思ったりすることもあるでしょう。
このChapterでは、そんな写真の修正について学んでいきます。

Chapter 13　授業

写真の修正&加工をはじめる前に

写真をデザインに使うためには、目的や用途に合った写真を準備するのがとても大切です。
デザインの仕事では、使用するイメージを手描きしたスケッチなどを用意して、そこから逆算して
写真を撮影することも多くあります。撮影後は、写真がよりよく見えるように画像の加工を行います。
また、写真をネット上のサービスを使って購入し、用途に合った加工をすることもあります。
こうした「加工」がこのChapterの「肝」となります。

写真の違和感を修正しよう

「加工」というと、いわゆる"盛る"ようなイメージがありますよね。もちろんそういった側面もあるのですが、デザインの仕事における「加工」とは、まず、見てもらいたいもの以外の、「余計な違和感」を隠すために行うものと考えておくとよいでしょう。
たとえばこの鳥が映っている写真は、右上のレンズ汚れが気になります 図1 。

図1　レンズ汚れ

逆に、街や空を撮ろうと思って鳥が映り込んでしまった、という経験をしたことがある人もいると思います。 図2 はハチ公のムービーを入れた「渋谷の空」を撮りたかったのですが、「鳥とビルと空」という写真になっています。

実際のデザイン制作でも、こうした素材に遭遇するケースは多いので、見せたい主題をきちんと見せるための作業が必要になります。それがこのChapterで紹介する「写真の補正」です。補正の作業のことを「レタッチ」とも呼びます。

図2　この写真の主題は何？

図3 と 図4 を見てみましょう。どこがレタッチされているか分かりますか？

図3　レタッチ前　　　　　　　　　　　図4　レタッチ後

図4 ではPhotoshopで次のレタッチを行っています。

- 後ろのゴミを削除
- 黄色めな色被りの補正
- チョコレートや砂糖などを少し整える

実際のレタッチ箇所を可視化したものが 図5 です。このテクニックを応用すると、人物の肌を明るくしたり、汚れやキメを整えたりといった修正も可能です。

こうしたレタッチに絶対的な正解はありませんし、やりすぎるのは演出を越えた「嘘」になってしまうので、加減が重要です。まずは余計なものの削除や修正を行うとともに、全体の明るさ・色味を調整していきます。その上で必要に応じて画像の移動や合成などに取り組んでいきます。

図5 修正した部分

 写真を修正するために必要なテクニック

写真を修正、あるいは合成するためにまず必要なテクニックは大きく分けて3つです。

① 色調補正
② 選択範囲とレイヤーマスク
③ ピクセルを修正する各ツール

図6 ピクセルを修正する各ツール1

すでに紹介している①②に加えて、このChapterでは③を新しく紹介していきます。

はじめに主なツールの場所とアイコンを見ておきましょう（[パッチ]ツール、[赤目修正]ツール、[パターンスタンプ]ツールはこの本では扱いません）図6 図7 。

図7 ピクセルを修正する各ツール2

これらのツールは写真の上をなぞって別のピクセルに置き換えることで画像の補正を行うツールですが、直接ピクセルを編集してしまうと、やり直しが効かずに不自然な修正になってしまうこともあります。

そこで、あらかじめ写真とは別のレイヤーを作成しておき、各ツールのオプションバーにある［全レイヤーを対象］か同等の項目にチェックを入れて、ピクセルの上書きをするのではなく、追加する形がおすすめです 図8 。具体的な方法はLessonの中で紹介します。

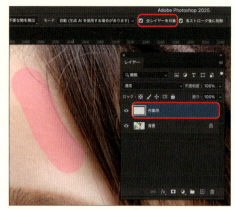

図8 やり直しがしやすいよう工夫する

Lesson02やLesson04では、レイヤー同士を合成するチュートリアルを紹介しています。こうした画像同士をなじませるには、画像の境界をきちんと処理するとともに、画像同士の色味、光や影などの位置を合わせていくことが大切です。

MINI COLUMN どんな写真でも修正できる？

どんな写真でも修正できるというわけではありません。たとえば、次のような画像は修正できない、または修正が難しいでしょう。

- 解像度の低い写真
- 明るすぎて白くなっている部分の多い写真
- きれいな部分が少ない写真

Photoshopはピクセルの色情報を操作するアプリなので、ピクセルの数が少なかったり、白く色情報のないピクセルが多かったりと、修正のヒントになるものが少ない場合、元の画像だけできれいに修正するのは難しくなります。きれいな部分の少ない写真についても同様に、イチから想像してきれいにしていくのは比較的難しい作業です。

 画像の修正は生成AIを使ってうまくできませんか？

生成AIは細部の修正には便利なツールですが、生成された画像は実際には存在しないものです。ですから、広範囲を生成AIを使って修正すると、それは明確な「嘘」になってしまいますし、かえって違和感が出てしまうこともあります。その点をふまえて、修正に使うようにしましょう。

| 練習用データ >> 13 - 01 |

Chapter 13　実習

Lesson 01　余分なモノを削除しよう

写真に写った余分な要素を削除するにはいくつかのツールがあり、ここではまず3つを紹介します。慣れてきたら写真ごとにツールを変えていきましょう。

このレッスンでやること
- □ ツールの使い分けを学ぶ　□ 砂浜をきれいにする

STEP 0　完成を確認する

余分なものを削除するのは最も基本であり応用の効くテクニックです。別のレイヤーに分けて作業するのが、やり直しに強いデータづくりのポイントです。

図1　13-1.jpg　　　　　図2　13-1-finish.psd

STEP 1　データを開いて修正する場所を確認する

練習データ「13-1.jpg」を開きます。写真には鳥の足跡や貝殻などが写っているので、これを修正します（赤丸部分）❶。

STEP 2　空白のレイヤーを作成する

［レイヤー］パネルから新規レイヤーを作成するか、［レイヤー］メニュー→［新規］→［レイヤー］で空のレイヤーを作成します❷。
このレイヤーが選択されている状態で各ツールを選んで補正の作業をすることで、元の画像を残したまま修正が可能になり、やり直しや微調整がしやすくなります。

STEP 3 ［スポット修復ブラシ］ツールを設定する

［スポット修復ブラシ］ツール はブラシでなぞるだけで修復ができるツールで、人のニキビ跡など、"スポット"の修正に活かせるツールです。

まず［スポット修復ブラシ］ツールを選択します❸。ブラシの［直径］を調整して❹、オプションバーの［全レイヤーを対象］にチェックを入れます❺。種類を［近似色に合わせる］にします（実際には、修正の結果を見ながら3つの項目を選択していきます）❻。

> **memo**
> ［全レイヤーを対象］にチェックが入っていないと、STEP2で作成した空白のレイヤーの上での補正ができません。空白のレイヤーを作成せず、直に修正する場合にはチェックを入れなくても構いません。

STEP 4 ［スポット修復ブラシ］ツールで画面左上をなぞる

［レイヤー1］が選択されている状態で、［スポット修復ブラシ］ツールで消したい部分をクリック、もしくは軽くドラッグします❼。ブラシの大きさに対して修正したい範囲が少し広い場合はドラッグしても構いません。少し大きめのブラシサイズを使うのがコツです。

STEP 5 ［修復ブラシ］ツールを設定する

［修復ブラシ］ツール は、元となる場所を指定して、その元の色味を参考に修正をおこなうツールです。電線のような広範囲を消すのに便利です。

はじめに［修復ブラシ］ツールを選択します❽。オプションバーの［サンプル］を［すべてのレイヤー］にします❾。

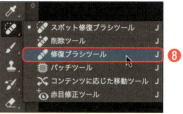

STEP 6　［修復ブラシ］ツールで下半分の足跡を削除する

［レイヤー1］が選択されている状態で、［修復ブラシ］ツールできれいな砂の部分を option（Alt）を押しながらクリックし、「修正元」とします❿。
option（Alt）から手を離して、削除したい鳥の足跡をドラッグすると、option（Alt）+クリックした箇所の色をなじませながら塗り重ねられ、足跡が消えます⓫。
修正元の場所を再定義したい場合は再度、option（Alt）+クリックをおこないます。
何度か場所を変えながら下半分の足跡を修正します。

> **memo**
> ［修復ブラシ］ツールと似たツールに［コピースタンプ］ツールがあります。［修復ブラシ］ツールは塗り重ねながら境界を馴染ませられるので、修正に便利です。これに対して、［コピースタンプ］ツールはシンプルにコピー＆ペーストをおこなう機能なので、境界が比較的ハッキリ残ります。このため、ゴミを消すだけでなく、被写体などをコピーして複製するのに便利なツールです。

STEP 7　［削除］ツールを設定する

［削除］ツール は、AIが自動的になぞった範囲を修正してくれるツールです。
［削除］ツールを選択します⓬。ブラシのサイズを調整し、オプションバーの［全レイヤーを対象］にチェックを入れます⓭。

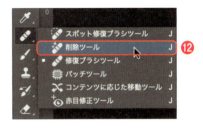

STEP 8　［削除］ツールで上半分を削除する

［レイヤー1］が選択されている状態で上半分の足跡をドラッグで選択して、すべての足跡を消します⓮。
全体のムラが気になる場合は、引き続き［削除］ツールで大きめのブラシサイズを設定し、気になる部分をクリックして修正を試します。

> **memo**
> AIが判断をおこなうため、元画像のサイズやブラシでなぞった範囲、対象、PCのスペックによっては処理に時間がかかることがあります。

| 練習用データ » 13-02 |

Chapter 13　実習

Lesson 02　被写体の位置を移動しよう

被写体の位置を移動するには、移動先で自然に背景となじませることと、被写体が抜けた跡をどう埋めるかがポイントです。

このレッスンでやること
- ☐ 被写体の位置を移動する
- ☐ 空いた部分を補正する

STEP 0　完成を確認する

このLessonはざっくり言うと ①人物の移動＆自動で穴埋め ②穴埋めされた背景をAIで再生成 ③人物の境界をきれいに整える の3ステップです。③については前のChapterを思い出しながら、新しいテクニックも一緒に学んでいきましょう。

図1　13-2.jpg（素材）

図2　13-2-finish.psd（完成）

STEP 1　データを開いて修正したい場所を確認する

練習データ「13-2.jpg」を開きます。
被写体を中央から左へ移動します❶。

STEP 2 空白のレイヤーを作成する

［レイヤー］パネルから新規レイヤーを作成するか、［レイヤー］メニュー→［新規］→［レイヤー］で空のレイヤーを作成します❷。
このレイヤーが選択されている状態で補正の作業をすることで、元の画像を残したまま修正ができます。

STEP 3 ［コンテンツに応じた移動］ツールを選択する

［レイヤー1］を選択した状態で、［コンテンツに応じた移動］ツール を選択します❸。オプションバーの［全レイヤーを対象］にチェックを入れます❹。［構造］は「7」にします❺。

memo
［構造］は画像のパターンをどれくらい厳密に反映するかを指定する項目です。最大値の「7」を入力すると、既存の画像パターンを忠実に踏襲する設定になります。

STEP 4 被写体を移動させる

画面上の被写体をドラッグして囲んで一周し、選択範囲を作成します❻。
左へドラッグすると被写体が移動します。return（Enter）で決定します❼。
［背景］レイヤーを非表示にすると、編集した部分だけが表示されます❽。

STEP 5 選択範囲を作る

被写体が抜けた部分は自動で穴が埋まるように補正されますが、これに違和感がある場合は、追加で補正をおこないます。

[レイヤー1]を選択した状態で[背景]レイヤーを非表示にしておくと選択すべき部分が明確になります❾。

違和感のある背景部分を[なげなわ]ツール や[多角形選択]ツール で選択します❿。

選択範囲ができたら表示を元に戻します。

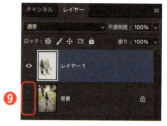

STEP 6 [生成塗りつぶし]を実行する

[編集]メニュー→[生成塗りつぶし]を選択します⓫。
[生成塗りつぶし]ダイアログの[プロンプト]は空欄のまま[生成]ボタンをクリックすると⓬、[生成塗りつぶし]レイヤーが作成され、自動で背景画像の生成がおこなわれます⓭。

> **memo**
> [生成塗りつぶし]ダイアログの[プロンプト]への入力は不要ですが、別の画像で同じ操作を行う場合、関係のない別の被写体が生成されてしまうこともあります。この場合は、選択範囲や[バリエーション]を変えながら試してみてください。

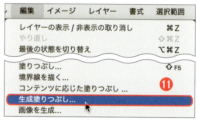

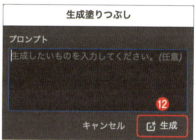

[選択とマスク] 画面を起動して被写体を選択する

人物の境界を調整します。

[レイヤー1] を選択し、[選択範囲] メニュー→ [選択とマスク] を選びます⑭。[選択とマスク] 画面が開いたら、オプションバーの [全レイヤーを対象] にチェックが入っていることを確認し⑮、[被写体を選択] をクリックします⑯。

[ブラシ] ツール で人物の境界をなぞってマスクを作成します⑰。STEP4で足元の影の部分を選択しているので、これもブラシでなぞって範囲に含めます⑱。

画面右の [出力先] を [レイヤーマスク] にして [OK] ボタンをクリックし、「レイヤー1」に対してレイヤーマスクを作成します⑲。

マスクと背景をなじませる

[レイヤー1] のレイヤーマスクサムネールをクリックします⑳。

[プロパティ] パネルを確認します。マスクについての項目が表示されているので、[ぼかし] のスライダーをドラッグして、「3px」に設定してマスクと背景をなじませて完成です㉑。

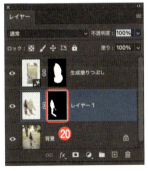

| Chapter 13　実習　　　　　　　　　　　　　　練習用データ >> 13-03 |

Lesson 03　[選択範囲]と[色調補正]で美肌を作ろう

Chapter11の[色調補正]やChapter12の「レイヤーマスクと選択範囲」を組み合わせていきます。肌色から選択範囲を作る方法のほかに、[色調補正]と[レイヤーマスク]を一気に作れる[調整ブラシ]ツールや作ったレイヤーの調整についても紹介します。

このレッスンでやること
- 画像の一部に選択範囲を作成して補正する
- 修復・削除系のツールを使い分ける
- 自然に見える肌補正を習得する

STEP 0　完成を確認する

人物の部分的な補正を行いましょう。肌のレタッチと歯の色の修正を行います。

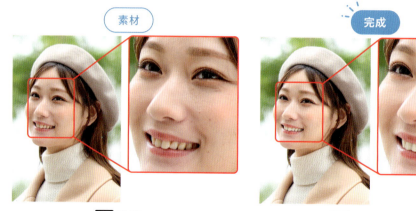

図1 13-3.jpg　　　　図2 13-3-finish.psd

人物の肌補正はPhotoshopの真骨頂。やりすぎず、自然に美しく見えるデータを目指しましょう。

STEP 1　データを開いて修正したい場所を確認する

練習データ「13-3.jpg」を開きます。
被写体の女性の顔を補正していきます。肌と歯を自然に修正します❶。

STEP 2　顔を選択する

［選択範囲］→［色域指定］を選びます❷。［色域指定］ダイアログボックスが開いたら、［選択］から［スキントーン］を選びます❸。［顔を検出］にチェックを入れます❹。［許容量］を「30〜40」程度に調整し、［OK］ボタンをクリックします❺。すると、選択範囲が作成されます。

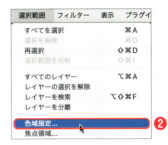

> **memo**
> ［許容量］のパラメーターを調整すると肌色の選択範囲として含める色の範囲を増減できます。

STEP 3　選択した範囲を明るくする

［色調補正］パネルを開き、［明るさ・コントラスト］を選びます❻。［明るさ］を「+10」、［コントラスト］を「-10」に調整します❼。作成した選択範囲が色調補正のレイヤーマスクになります。

STEP 4　マスクの境界をぼかす

［レイヤー］パネルの［明るさ・コントラスト1］のサムネールのうち、レイヤーマスクのサムネールをクリックして選んで❽、［プロパティ］パネルを確認すると、レイヤーマスクに関する項目が表示されています。
［ぼかし］のスライダーを「3px」に設定します❾。
選択範囲の境界がぼけることで自然な明るさになります。

> **memo**
> さらにレイヤーマスクの調整が必要な場合は、プロパティパネルの［選択とマスク］ボタンから、［選択とマスク］画面に移動して編集できます。

STEP 5 [調整ブラシ] ツールの準備をする

歯の色を白く修正します。はじめに写真のレイヤー（[背景] レイヤー）を選びます。[調整ブラシ] ツール を選びます❿。ブラシのサイズや [不透明度] を調整し、オプションバーの [調整] の項目で、[色相・彩度] を選びます⓫。

STEP 6 [調整ブラシ] ツールでレイヤーマスクの範囲を作る

[調整ブラシ] ツールで歯の部分をドラッグします⓬。自動でレイヤーマスクの作成と [色相・彩度] の色調補正レイヤーが作成されます⓭。ブラシのサイズや [不透明度] を適宜変更し、歯の部分をドラッグして、調整レイヤーの範囲を作成します。

> **memo**
> 一時的に色が大きく変わるように見えますが、次のSTEP で設定や数値を修正するので作業を続けて構いません。まずは範囲を作りましょう。

STEP 7 作成した [色相・彩度] を調整する

[プロパティ] パネルに [色相・彩度] が表示されるので、次のように設定します⓮。歯のホワイトニングができました。

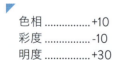

色相 .... +10
彩度 .... -10
明度 .... +30

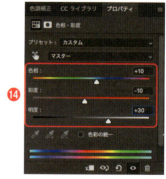

> **memo**
> [調整ブラシ] ツールは、ブラシでなぞるとレイヤーマスクをともなう色調補正レイヤーの作成を一度で行えます。範囲を直感的に作成でき、補正を時短できるツールです。

STEP 8　肌の補正の仕上げをする

新しくレイヤー（[レイヤー1]）を作成し、[背景]レイヤーの上（2枚の調整レイヤーの下）に配置します❶。
[レイヤー1]を選択した状態で、[スポット修復ブラシ]ツール や［削除］ツール 、［コピースタンプ］ツール を使用し、各ツールで肌の気になる部分を修正します。
いずれもオプションバーの［全レイヤーを対象］にチェックを入れます（［コピースタンプ］ツールは［現在のレイヤー］を［すべてのレイヤー］に変更）。
たとえば次のような使い分けがおすすめです。

- ［スポット修復ブラシ］ツール：肌の赤みやニキビ跡など❶（オプションバーで［コンテンツに応じる］を選択します）
- ［削除］ツール：髪の毛など❶
- ［コピースタンプ］ツール：シワなど（［不透明度］を調整します）❶

やりすぎてしまった場合は［レイヤー1］を［消しゴム］ツールで消してやり直しますが、このとき［消しゴム］ツールのブラシの［硬さ］や［不透明度］を調整して少しずつ削るように修正するとよいでしょう。

> **memo**
> ［コピースタンプ］ツールは［修復ブラシ］ツールと同じように option（Alt）＋クリックでコピー元の場所を決めて、その後にクリックしてコピーをおこなうツールです。ほかの2つのツールと異なり［不透明度］を設定できるので、元の肌の上に少しだけ色やテクスチャーを追加することができます。

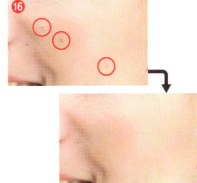

| 練習用データ >> 13-04 |

Chapter 13　実習

Lesson 04　[変形]で缶とラベルを合成しよう

商品パッケージと缶の写真を合成して紅茶飲料のパッケージのイメージを作っていきます。画像を自然に歪ませるには、[変形]をうまく活用していきます。

このレッスンでやること
- [ワープ]を使ってパッケージを歪ませる
- 画像を合成する

STEP 0　完成を確認する

PSDデータに別のPSDデータを配置して、再編集ができるようなデータを作ります。円柱状のオブジェクトへの合成については、Photoshopの機能を知らないと少し手こずるかもしれません。

素材

図1 13-4.jpg　　図2 13-4-package.psd

完成

図3 13-4-finish.psd

STEP 1　缶のデータを開いてパッケージのPSDデータを配置する

練習データ「13-4.jpg」を開きます。
次に[ファイル]メニュー→[リンクを配置]を選択し、パッケージデータ「13-4-package.psd」を配置します❶。

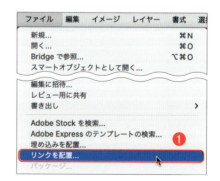

256　Lesson 04　[変形]で缶とラベルを合成しよう

STEP 2 パッケージを斜めにして配置を決定する

缶の画像が斜めになっているので、これに合わせてパッケージ側のバウンディングボックスの角をドラッグしてパッケージを斜めにし、return（Enter）で配置を決定します❷。

STEP 3 パッケージの描画モードを［乗算］に変更する

「13-4-package.psd」のレイヤーを選択している状態で［レイヤー］パネルの描画モードを［乗算］に変更します❸。

> memo
> ［乗算］にすることで缶の画像と馴染んだように見え、合成する際の目安にもなります。

STEP 4 ワープ① ［円柱］で円柱状に沿って変形させる

「13-4-package.psd」のレイヤーを選択している状態で［編集］メニュー→［変形］→［ワープ］を選択します❹。
バウンディングボックスがメッシュ（網）状に変化します。オプションバーの［カスタム］のプルダウンを操作し、［円柱］を選択します❺。四角形のアイコンをドラッグ操作して、缶の形状になるべく合うように操作します❻。

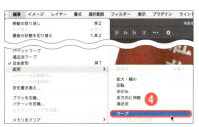

STEP 5 ワープ② ［カスタム］で微調整する

合わない部分を調整します。オプションの［円柱］のプルダウンを［カスタム］に戻します❼。
メッシュを選択して微調整を進めます❽。

STEP 6 ［調整ブラシ］ツールで「露光」を追加する

［調整ブラシ］ツール  を選択します❾。オプションバーで［露光量］を選択します。ブラシの大きさと硬さを調整したら❿、缶の光の当たり方に沿って缶の両側をなぞります⓫。
［プロパティ］パネルの［露光量］を「+1.00」に調整します⓬。

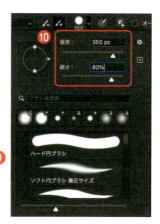

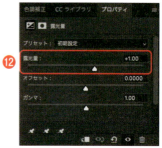

調整レイヤーを「クリッピングマスク」する

[露光量1]の調整レイヤーが選択されている状態で［レイヤー］パネルの［パネルメニュー］ ≡ →［クリッピングマスクを作成］を選択します⓭。［露光量1］が[13-4-package]レイヤーのみに適用されます（缶のレイヤーには［露光量1］が適用されなくなります）。

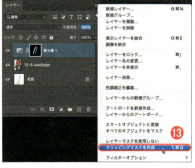

MINI COLUMN　パッケージデザイン側を微調整する

合成の後で、パッケージデザインを修正したい場合は［13-4-package］レイヤーをダブルクリックすると、レイヤーを保持したPSDデータが開くので（ 図4 ）、これを編集して閉じることで合成後のデザインへ修正を反映することが可能です 図5 。

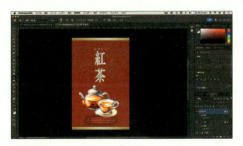

図4 パッケージデータのアイコンを非表示にした

図5 合成後のイメージにも変更が反映される

STEP1の通りに［リンクを配置］を選択した場合、缶の画像に配置したレイヤーと元のPSDデータはリンク関係になり、同一になりますが、片方をフォルダにまとめるなどファイルの階層関係を後から変えると「リンク切れ」が起きてしまい、データが編集・表示できなくなる場合があるので注意が必要です。

逆にSTEP1で［埋め込みで配置］を選択した場合は、レイヤーをダブルクリックして開けるPSDデータは元の「13-4-package.psd」とは別の複製のデータになります。デザインデータを変更した場合は別途、元の「13-4-package.psd」を上書き保存しておきましょう。

| 練習用データ >> 13-05 |

Chapter 13　実習

Lesson 05 料理を美味しそうに演出しよう

レストランのメニューなどの料理をおいしそうに見せるには、食材の持つ色を鮮やかにしたり、照りやパリパリ感などの「質感」をしっかり見せたりすることが大切です。

このレッスンでやること
- 彩度を調整する
- 影を調整する
- 部分的に明るくする
- 部分的に彩度を調整する

STEP 0 完成を確認する

すべてを均一に明るくしてしまうとメリハリがなくなり、軽く安っぽい印象になることが多いです。光や影の位置、食材の構造を意識しながら明度や彩度を変化させるとリアル感が出ます。

図1 13-5.jpg　　　図2 13-5-finish.psd

STEP 1 画像を開いてレイヤーを複製する

練習データ「13-5.jpg」を開きます。
写真のレイヤーを選択します❶。［レイヤー］メニュー→［新規］→［コピーしてレイヤー作成］を選択し、レイヤーを複製します❷。
複製したレイヤーを選択します。これからの修正は複製した［レイヤー1］に対して行います。

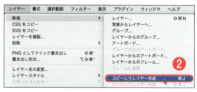

memo
このLessonはピクセルに直接描画するタイプのツールを紹介します。元の画像をバックアップとして残すことで、万が一修正が行き過ぎたときに元に戻しやすくなります。

260　Lesson 05　料理を美味しそうに演出しよう

[自然な彩度]を適用する

[色調補正] パネルで [自然な彩度] を選択します❸。
[プロパティ] パネルに [自然な彩度] が表示されたら、[自然な彩度] のスライダーを右方向へドラッグし、緑や赤の色を中心に色を鮮やかにします（ここでは [自然な彩度] を「+80」に設定）❹。

 [覆い焼き]ツールで明るい部分を強調する

[レイヤー1] を選択します。
[覆い焼き] ツール を選択します（ツールが表示されない場合、[焼き込み] ツールや [スポンジ] ツールアイコンを長押しして切り替えます）❺。
オプションバーで [範囲] を [ハイライト] か [中間調] に❻、[露光量] を「50%」前後に設定します❼。
明るくしたい部分（たとえば鉄板やハンバーグの照り）を軽くドラッグします❽。光が当たっている感じを強調して、食欲をそそる見た目を演出します。

> **memo**
> [覆い焼き] ツールの [露光量] が高すぎると、ハイライトが白飛びしやすいため、様子を見ながら少しずつ進めましょう。

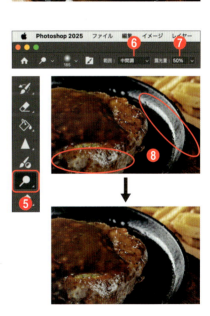

STEP 4 ［焼き込み］ツールで影を引き締める

［レイヤー1］を選択します。
［焼き込み］ツール を選択します❾。オプションバーで［範囲］を［中間調］にして❿、［露光量］を「50%」前後にします⓫。
濃い色にしたい部分（ハンバーグのソースや皿の縁など）をドラッグします⓬。

STEP 5 ［スポンジ］ツールで彩度を部分的に調整する

ツールパネルの［スポンジ］ツール 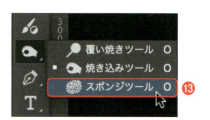 を選択します⓭。オプションバーの［彩度］を［上げる／下げる］から選びます⓮。色味を強調したい部位（野菜の赤や緑など）をドラッグし、鮮やかにします⓯。もし色が強くなりすぎたら［彩度］を［下げる］で戻すことも可能です。

> **memo**
> 彩度を上げすぎるとプラスチックのように不自然になることがあるので、様子を見ながら少しずつ調整してください。

生成AIで湯気を足す

さらに演出を加えるなら湯気を加えるのもおすすめです。簡単に手順を紹介します。
［表示］メニュー→［コンテキストタスクバー］を選択します。

- ⌘＋A（カンバスをすべて選択）ですべてを選んでから［コンテキストタスクバー］の［生成塗りつぶし］ボタンを選びます。
- プロンプトに「黒い背景に食品用の湯気が立ち上っている画像　湯気のみ」と入力して［生成］ボタンを選ぶと、選択範囲の内側に湯気が生成されます 図3 。
- ［プロパティ］パネル上で生成された湯気のバリエーションを選びます。サムネールの左上をクリックすると、クリックした画像のディティールが向上します。
- 生成された湯気のレイヤーについて、描画モードを［スクリーン］に変更すると、背景が透けて、食品と湯気が合成されます。［不透明度］を調整して湯気を合成します 図4 。

生成した画像に色味がある場合は、レイヤーを選択して右クリックし、［レイヤーをラスタライズ］を選択した後で［イメージ］メニュー→［色調補正］→［彩度を下げる］を選ぶと、画像の彩度が下がり、完全な白黒になります。

［ワープ］を応用して湯気の形を変えたり、［消しゴム］ツールやレイヤーマスクを使って余分なところを削除して湯気の形をさらにカスタマイズするのもおすすめです。

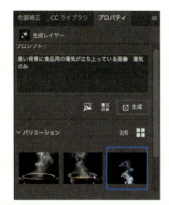

図3 プロンプトへ入力する

図4 描写モードを［スクリーン］に変更する

章末問題 ポートレートをレタッチしよう

素材データのPSDデータを開いて、次の補正をおこなってください。

制作条件 演習データフォルダ >> 13 - drill

- 画像の上の部分をトリミングし、棚の黒い線の映り込みを修正する
- 女性の肌を少しだけ明るく修正する
- 肌の気になる所を補正する

  →

素材データ >> 13 - drillMaterial.jpg   作例データ >> 13 - drilSample.psd

アドバイス

顔の補正については、まずニキビ跡や気になる毛穴などを［スポット修復ブラシ］ツールや［削除］ツールなどで消していきましょう。次に選択範囲を作成して、顔色を明るくします。このとき、髪や瞳を一緒に明るくしないように、はじめに［選択とマスク］などで選択範囲を作り 図1 、補正する領域をきちんと決めるのが重要です。

図1 ［選択とマスク］で肌のみを選択

Chapter

14

フィルターと描画モードで
写真の印象をよくしよう

Photoshopの「フィルター」や
レイヤーの「描画モード」を活用することで、
元の写真をよりよくしたり、演出効果を加えたりと
細かな調整や作り込みができるようになります。

Chapter 14 　授業

フィルターの仕組みと種類を知ろう

スマートフォンの写真アプリやSNSへの投稿など、普段から写真にフィルターを使っている方は多いと思いますが、Photoshopの「フィルター」はその機能とはやや異なります。
フィルターが写真にどのような効果をもたらすのか見てみましょう。

スマートフォンでの写真加工とPhotoshopの「フィルター」は違う

スマートフォンの写真アプリやInstagramなどのSNSには、さまざまなフィルターが用意されていて、色やコントラストを調整できます。これと似た機能は、［フィルター］メニューではなく、実は［色調補正］に該当することが多いのです。

こういった色味やコントラストの加工をしたい場合におすすめなのが、［色調補正］パネルにある［プリセット］の項目です。プリセットとは「設定」という意味で、この［プリセット］を実行するとSNSのフィルターのようにさまざまな色合いへの加工ができ、細かい調整も可能です。これらはPhotoshopのフィルターとは異なる機能ですが、写真を使った作品づくりをしたい方はチェックしてみてください。

スマートフォンなどで行う"フィルター的な加工"とPhotoshopのフィルター機能は違うということを前提に、Photoshopのフィルターで何ができるのかを見ていきましょう。

［フィルター］メニューを見てみよう

フィルターは写真やイラストなど、既にあるピクセルデータに対して適用するものがほとんどですが、中にはゼロから効果を作成できるフィルターもあります。こうしたフィルター同士をレイヤーの描画モードで重ねたり、レイヤーマスクを調整して効果の一部を削ったりすることで、よりメリハリや深みのある作品を作ることができます。それでは、Photoshopの［フィルター］メニューを見てみましょう。

- スマートフィルター用に変換
- ニューラルフィルター
- フィルターギャラリー
- 広角補正
- Camera RAWフィルター
- レンズ補正
- ゆがみ
- 消点

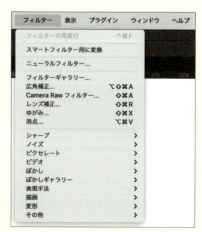

図1　フィルター一覧

それぞれ専用のウィンドウが開いて、さまざまなフィルターを選べます。［スマートフィルター用に変換］は選択したオブジェクトをスマートオブジェクトに変換して、スマートフィルター機能を使えるようにする項目です。直接フィルター効果をかける機能ではありません。別枠になっている［ニューラルフィルター］は比較的新しいフィルター群で、インパクトのある大胆な加工をはじめ、顔写真の修正や画像の合成の際の色味合わせなどにも役に立ちます。Chapter16で一部を紹介します。このほかにも以下のようなものがあります。

- シャープ
- ノイズ
- ピクセレート
- ビデオ
- ぼかし
- ぼかしギャラリー
- 表現手法
- 描画
- 変形
- その他

［シャープ］から［その他］までの項目は、それぞれの内容に合ったフィルターが表示されます。［ぼかしギャラリー］は、専用のウィンドウが別で開きます。

この中で特によく使うのは［シャープ］と［ぼかし］です。このChapterでも解説していきます。

● フィルターの種類

Photoshopのフィルターの性質を分類すると、次の3種類があります。

- 元の画像が持っている情報を活かして加工するフィルター
    ［ぼかし］や［シャープ］、［ニューラルフィルター］など
- 元の画像が持っている色を破棄して加工するフィルター
    ［フィルターギャラリー］の［スケッチ］（［ウォーターペーパー］以外）
- ゼロから効果やグラフィックを作成するフィルター
    ［炎］や［雲模様］、［木］など

上記のとおり、①素材の情報に基づいて編集加工されるもの 図3 、②Photoshop側の描画色／背景色で色が変化するもの 図4 、③素材とは関係なく描画されるもの 図5 、があります。

このChapterでは元の画像を活かしながら画像をよく見せるテクニックについて紹介していきますが、こうしたフィルターをかけすぎると、デジタル感が全面に出すぎて不自然に感じられることもあります。自然なフィルター加工のコツは、あらかじめ数値の強弱を調整するとともに、次に紹介す「スマートフィルター」の機能を活用することです。

図2 元画像

図3 ①［ピクセレート］→［モザイク］

図4 ②［フィルターギャラリー］→［ハーフトーンパターン］

図5 ③［描画］→［木］

「スマートフィルター（スマートオブジェクト）」のメリット

　［フィルター］メニュー→［スマートフィルター用に変換］は、通常のビットマップのレイヤーを「スマートオブジェクト」という形式に変換する項目です。

　Photoshopの［ファイル］メニュー→［開く］でファイルを開くと、ファイルは通常のビットマップイメージの状態（［背景］レイヤー）で開かれます。これに対して、［ファイル］メニュー→［埋め込みを配置］で別の画像を配置すると、その配置された画像は初期の設定では「スマートオブジェクト形式」になります。2つの区別は、サムネール画像の表示（右下アイコンの有無）から確認できるので、まずはスマートオブジェクトかどうかを区別できるようにしておきましょう 図6 。

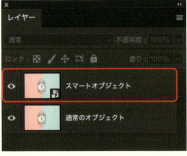
図6 レイヤーのサムネール画像の表示の違い

　通常のレイヤーとスマートオブジェクトには、どちらも同じフィルターをかけられるのですが、スマートオブジェクトのほうはフィルターの名前や履歴、そして白いマスクのサムネール（スマートフィルターマスクサムネール）が表示されます 図7 。この機能を「スマートフィルター」と言います。スマートフィルターのメリットを見てみましょう。

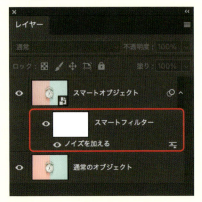
図7 スマートフィルター

スマートフィルターのメリット① やり直しができる

　［レイヤー］パネルに表示されているフィルターの名前をダブルクリックするとフィルターの設定をやり直すことができます。また、フィルターの名前の上で右クリック→［スマートフィルターを削除］を選択するとフィルターを削除できます。さらに、PSDデータで保存しておけば、一度作業を中断した後にフィルターの編集をやり直すこともできます。

スマートフィルターのメリット② 表示・非表示、入れ替えができる

　フィルターの名前の左にある目玉のアイコンをクリックすると表示・非表示を切り替えられます。また、複数のフィルターがかかっている場合は、ドラッグでフィルターの順番を入れ替えられます。

スマートフィルターのメリット③ フィルター効果の一部を削ったり、薄くしたりできる

　スマートフィルターは自動的に「マスク」が作成されます。このマスクを「フィルターマスク」と言います。［レイヤー］パネル上の白いアイコン部分がマスクです。この全面が白い状態はなにもマスクされていない状態、つまりすべての要素が表示されている状態を示しています。［レイヤー］パネル上でスマートフィルターのフィルターマスクを選択してから、黒いブラシで画面上をなぞってみてください。すると、なぞった部分のフィルターが黒くマスクされ（隠されて）、画像の元の部分が表示されるようになります。

図8 マスクの加工なし　　　　　　　　　図9 黒色のブラシで時計の盤面をなぞった状態

図10 マスクに白黒のグラデーションをかける

　黒でなく、グレーを加えたり、［不透明度］を調整したりすると、効き具合を調整することも可能です。また、これを応用して、［グラデーション］ツールで白黒のグラデーションを選んでから画面上をドラッグすると、グラデーション状にマスクを作れるので、少しずつフィルターがかかるような加工も可能です 図10 。

　スマートオブジェクトについては、次のChapter15でも登場します。スマートフィルターだけでなく、Photoshop上でレイアウトを行う場合は特に重要な機能なので、ぜひ覚えてください。

レイヤーの「描画モード」をざっくり学ぼう

　Chapter10のLesson04で登場した［レイヤー］パネルの描画モードは、レイヤー同士のかけ合わせの仕組みを［乗算］や［スクリーン］といった異なるモードに変えることで、その見た目や印象が大きく変わる機能です。フィルターと組み合わせることで、元の写真の空気感を変えることもできます（Lesson03）。描画モードのすべてを覚える必要はありませんが、分類とよく使う代表的なものを紹介します。

● 描画モードの種類と分類

レイヤー同士の描画モードは次のように分類できます。

- 通常
  通常／ディザ合成
- 暗くする
  比較（暗）／乗算／焼き込みカラー／焼き込み（リニア）／カラー比較（暗）
- 明るくする
  比較（明）／スクリーン／覆い焼きカラー／覆い焼き（リニア）- 加算／カラー比較（明）
- コントラストを調整する
  オーバーレイ／ソフトライト／ハードライト／ビビッドライト／リニアライト／ピンライト／ハードミックス
- レイヤー同士の比較による合成
  差の絶対値／除外／減算／除算
- 色の要素による合成
  色相／彩度／カラー／輝度

図11 描画モードの種類

［焼き込みカラー］と［覆い焼きカラー］には「リニア」と名前がつくものがあります。リニアの方を選択すると、そうでないものに比べてそれぞれコントラスト（明暗の差）が弱めの仕上がりになります。

● おすすめの描画モード

描画モードは項目が多いので、どれを使えばいいか悩んでしまうこともあると思います。そこで、覚えておくと便利な描画モードの項目を紹介します。使い分けのコツとしては、イラストや写真の仕上げ段階で色味や明暗を試しながら、どれがベストか比較してみるとよいでしょう。

乗算

下のレイヤーの色とかけ合わせ、暗い方向に合成します。

図12 元データ

図13 乗算

スクリーン
上下のレイヤーの色を反転した色を乗算し、明るく見せることができます。

図14 スクリーン

オーバーレイ
下のレイヤーに応じて上のレイヤーを乗算もしくはスクリーンで重ねることで、明部と暗部の両方に影響を与え、結果、コントラストが強めになります。

図15 オーバーレイ

ソフトライト
上のレイヤーに応じて色を覆い焼きのように明るくしたり焼き込みのように暗くしたりできます。オーバーレイよりも柔らかなコントラスト補正が可能です。

図16 ソフトライト

　描画モードを使用するなら、描画モードのプルダウンの右側にある［不透明度］の項目も合わせて調整しましょう。これを調整することで、描画モードのかかり具合を細かくコントロールできます。具体的な活用例は「Lesson03 フィルターと描画モードを組み合わせて写真の印象を変えよう」（P.278）で紹介しています。ほかにもアイディア次第で、元の写真がグンとよくなります。フィルターと描画モード、レイヤーの［不透明度］をぜひ合わせて活用してみてください。

　ちなみに、Illustratorにもこの描画モードがあります。［透明］パネルからアクセスできるので、作品の色味などにより深みを持たせたい場合は活用してみましょう。

図17 レイヤーの［不透明度］

図18 Illustratorの描画モード

同じフィルターをかけても、ほかの人の作品みたいにキレイな仕上がりになりません。何かコツがあるんですか?

チェックポイントは次の5つです。参考にしたい作品がある場合、その作品と自分のデータとの違いを観察しながら、項目を少しずつ調整してみてくださいね。

フィルターでうまく加工できない場合のチェックポイント

項目	説明
元の画像の解像度	画像のピクセル数が参考作品と手元の素材データとで異なる場合、同じフィルターで同じ数値を加えても同じ見た目にならないこともある
元の画像の色味やコントラスト	色味やコントラストによっても変わるので、[色調補正]パネルで調整する
フィルターの数値の大きさ	強すぎると不自然な仕上がりになってしまう
フィルターを適用する順序	フィルターをかける順序も大切。チュートリアルなどを参考にする場合は順序をよく確認する。スマートフィルターを使うと後から入れ替えることができる
レイヤーマスクを使った調整	スマートフィルターの場合は適用後にレイヤーマスクによる微調整でかかり具合を調整できる

[レイヤー]パネルの[不透明度]の下にも同じように「%」を選択できる項目があることに気が付きました。いじってみると同じように透明になるようです。この違いって何ですか?

いい質問です。Photoshopのレイヤー上には[不透明度]と[塗りの不透明度]という2つの似たパラメーターがあります。質問で言っているものは、[塗りの不透明度]のことですね。この2つは性質がやや異なります。まず、授業編で紹介したレイヤーの[不透明度]は、レイヤー全体の不透明度をコントロールするものです。これに対して、[塗りの不透明度]の場合は、次のChapter15で紹介する[レイヤースタイル](レイヤー効果)には適用されず、「塗り」だけを透明化する機能です。たとえば半透明のロゴに影をかけて中の色だけを透かせる、といったことができます。

図19 不透明度:40% 塗りの不透明度:100%

図20 不透明度:100% 塗りの不透明度:40%

| Chapter 14　実習 | 練習用データ >> 14-01 |

Lesson 01 写真全体をシャープにしよう

画像全体をシャープにしていきます。ここで紹介する[アンシャープマスク]は写真を使ったデザインに欠かせない機能で、代表的なフィルターのひとつと言ってよいでしょう。簡単ですが、必ず覚えておきたいフィルターです。

このレッスンでやること
- □ フィルターのかけ方を知る　□ [シャープ]を使えるようにする
- □ フィルターの調整方法を学ぶ

STEP 0　完成を確認する

画像にシャープをかけるとは「ピクセル同士の差をつける」ということで、ボケたピントを合わせるものではありません。かけすぎはNGです。ほんの少しシャキッと見えるくらいがちょうどよい塩梅です。まつ毛などの違いに注目してみてください。

図1　14-1.jpg

図2　14-1-finish.psd

STEP 1　データを開いてスマートオブジェクトに変換する

練習データ「14-1.jpg」を開きます。
[フィルター]メニューから[スマートフィルター用に変換]を選択して、スマートオブジェクトレイヤーに変換します❶。

273

STEP 2 ［アンシャープマスク］を適用する

［フィルター］メニュー→［シャープ］→［アンシャープマスク］を開きます❷。［量］［半径］［しきい値］の3つの項目を調整して［OK］ボタンをクリックすると、シャープが適用されます❸。

> **memo**
>
> ［プレビュー］のチェックを入れたり外したりすると適用前後の違いがわかりやすくなります。シャープが効きすぎるとかえって不自然に見えるので気をつけましょう。

図3 シャープをかけすぎた例

STEP 3 フィルターを調整する

［レイヤー］パネルに［アンシャープマスク］が表記されます。［アンシャープマスク］の文字部分をダブルクリックするともう一度［アンシャープマスク］を調整できます❹。写真の細部と全体とを比較しながらシャープを調整して完成です（ここでは、［量］を「40」、［半径］を「4.0」、［しきい値］を「0」に設定）❺。

> **memo**
>
> ［量］は境界のコントラストの強さを設定する項目です。値が大きいとメリハリが強く出ます。［半径］は変化する範囲で、大きくすると自然なイメージになりますが、大きすぎると細部を潰してしまうこともあります。［しきい値］は、階調の内側と外側の濃度差から処理の対象範囲を決める値で、値が大きいほどシャープ処理の範囲は狭くなります。

> **memo**
>
> レイアウト作業などで画像のサイズを変更する必要がある場合、Photoshop側で画像のサイズを変更した後に［アンシャープマスク］のフィルターをかけましょう。

| Chapter 14　実習 | 練習用データ >> 14-02 |

Lesson 02　写真の一部をぼかして遠近感をつけよう

奥に写っているオモチャをぼかして、画像の遠近感を強調します。画像の一部をぼかすには、フィルターのマスクを調整する手順もありますが、ここでは「選択範囲」を作成する方法を紹介します。

このレッスンでやること
- 選択範囲とフィルターの組み合わせを学ぶ
- 「ぼかし」フィルターを知る

STEP 0　完成を確認する

写真の一部だけにフィルターを適用する方法を紹介します。結果として「レイヤーマスクの機能を利用してそのエリアの中だけにフィルターがかかっている」状態であればOKです。範囲が明確な場合は選択範囲を作ってフィルターをかけるのがわかりやすくておすすめです。

図1 14-2.jpg　　図2 14-2-finish.psd

STEP 1　データを開いてスマートオブジェクトに変換する

練習データ「14-2.jpg」を開きます。
［フィルター］メニューから［スマートフィルター用に変換］を選択して、スマートオブジェクトレイヤーに変換します❶。

275

STEP 2 [オブジェクト選択] ツールで木を選択する

[オブジェクト選択] ツール を選択します❷。
背景の木のオブジェクトを選択し、shift＋クリックでほかの木も選択していきます❸。

STEP 3 [なげなわ] ツールで修正する

[オブジェクト選択] ツールで選択しきれなかった部分は [なげなわ] ツール を選択して❹、shift＋ドラッグで範囲を囲んで、選択範囲に追加します❺。

> **memo**
> shift を押すと [なげなわ] ツールの右下にプラスのマークが表示されます。表示を確認したらドラッグしましょう。

> **memo**
> より緻密な範囲を作成したい場合は、[選択とマスク] 画面で範囲を作成しましょう。範囲を作成したら、右側の [属性] パネルの下部にある [出力] で [選択範囲] を選んで [OK] ボタンをクリックします。

STEP 4 選択範囲の境界線をぼかす

このままぼかしフィルターをかけると、選択範囲の外側へはボケの範囲が広がらず、不自然な仕上がりになります。
[選択範囲] メニュー→ [選択範囲の変更] → [境界をぼかす] を選択します❻。ダイアログに数値を「20」と入力して [OK] ボタンをクリックします❼。

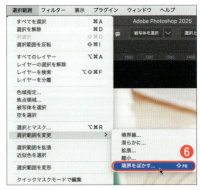

Lesson 02　写真の一部をぼかして遠近感をつけよう

STEP 5 [ぼかし（ガウス）]を適用する

[フィルター]メニュー→[ぼかし]→[ぼかし（ガウス）]を適用します❽。[ぼかし（ガウス）]ダイアログで[半径]の数値を設定して（ここでは「5.0」と設定）[OK]ボタンをクリックします❾。

STEP 6 フィルターのレイヤーマスクを[ブラシ]ツールで調整する

選択範囲はスマートフィルターのマスク（フィルターマスク）として再調整が可能です。
[レイヤー]パネルでフィルターのレイヤーマスクをクリックして選択します❿。ツールパネルから[ブラシ]ツールを選び⓫、「描画色」を黒にしてドラッグすると、ドラッグした部分が黒に塗りつぶされ、マスクの有無が調整できます⓬。
ここでは、キリンの背中側のマスクを黒でドラッグして、元の鮮明な状態に戻しています。

memo
[レイヤー]パネルでレイヤーマスクのサムネールをクリックすると、サムネールに白い枠線が付きます。

 実は「マスク側」にもいろいろなフィルターをかけられる

　　レイヤーマスクを選択している状態で[フィルター]メニュー→[ぼかし]→[ぼかし（ガウス）]を適用すると、画像ではなく、マスク側にぼかしをかけることもできます。ほかにも、[フィルター]メニュー→[ノイズ]→[ダスト＆スクラッチ]で、マスク側にザラッとした質感を与えることもできます。

| 練習用データ >> 14-03 |

Chapter 14　実習

Lesson 03　フィルターと描画モードを組み合わせて写真の印象を変えよう

元の写真を残したまま別のレイヤーにフィルターをかけて、レイヤー同士に描画モードを設定すると、写真の空気感を演出できます。色調補正と組み合わせると、より強く世界観を演出できます。

このレッスンでやること
- 描画モードとフィルターを組み合わせる
- 異なる描画モードを試して違いを比較する

STEP 0　完成を確認する

画像を柔らかく明るい雰囲気にするには、ぼかしをかけたレイヤーを描画モードで組み合わせるのが便利です。描画モードの選定、[不透明度]による加減も大切です。

図1 14-3.jpg

図2 14-3-finish.psd

STEP 1　データを開いてレイヤーを複製する

練習データ「14-3.jpg」を開きます。
背景レイヤーを選択して❶、[レイヤー]メニュー→[レイヤーを複製]を選択します❷。ダイアログが表示されたらそのまま[OK]ボタンをクリックします❸。

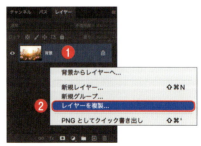

STEP 2　データを開いてスマートオブジェクトに変換する

［背景 のコピー］レイヤーを選択して❹、［フィルター］メニューから［スマートフィルター用に変換］を選択し、スマートオブジェクトにします❺。

 ### STEP 3　［ぼかし（ガウス）］を適用する

［背景 のコピー］レイヤーへ、［フィルター］メニュー→［ぼかし］→［ぼかし（ガウス）］を適用します❻。ぼかし（ガウス）のダイアログで「半径」を調整して［OK］ボタンをクリックします❼。

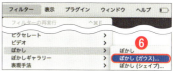

> **memo**
> ［ぼかし（移動）］など、ほかのぼかし系フィルターを試してみてもよいでしょう。

 ### STEP 4　描画モードを切り替えて調整する

レイヤーの描画モードを［通常］から［スクリーン］や［オーバーレイ］に切り替えて比較します。最終的に［スクリーン］を選択します❽。

- スクリーン：写真全体をやわらかく明るい印象に仕上げます。
- オーバーレイ：コントラストを高めつつ、ソフトフォーカスな雰囲気を演出できます。

 ### STEP 5　レイヤーの［不透明度］を調整する

レイヤーの［不透明度］のスライダーを調整して（ここでは「70％」に設定）、効果の強さをコントロールします❾。

> **memo**
> ［不透明度］を調整してもぼかしが強すぎると感じる場合は、［レイヤー］パネルで［ぼかし（ガウス）］の項目をダブルクリックし、［半径］を下げます。

Chapter 14　実習

| 練習用データ >> 14-04 |

Lesson 04 「レンズフレア」で朝日を演出しよう

写真や動画の撮影時にカメラが強い光を捉えると「レンズフレア」と呼ばれる現象が起きます。うまく活用すると朝を感じさせる演出効果として利用できます。これと同じ効果を演習できるものがPhotoshopのフィルターにもあります。

このレッスンでやること
- 演出の意図に基づいて色を変更する
- ［逆光］のフィルターを操作する

STEP 0　完成を確認する

グラスにうまくフレアがかかるように工夫してみましょう。［レベル補正］は［色調補正］のChapterで紹介していない機能なので、合わせて習得していきましょう。

素材

図1　14-4.jpg

完成

図2　14-4-finish.psd

STEP 1　データを開いてスマートオブジェクトに変換する

練習データ「14-4.jpg」を開きます。
［フィルター］メニューから［スマートフィルター用に変換］を選択して、スマートオブジェクトレイヤーに変換します❶。

STEP 2 [レベル補正] を選ぶ

[色調補正] パネルを開き、[レベル補正] を選びます❷。[プロパティ] パネルが [レベル補正] 用の画面に切り替わることを確認します。

> **memo**
> [レベル補正] は、明るさや暗さの段階である「階調」をスライダーで操作できる調整機能です。同じ補正を[トーンカーブ]で行うこともできます。

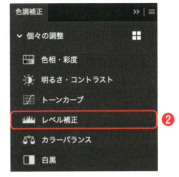

STEP 3 「中間調」を調整してふんわり仕上げる

[レベル補正] を追加すると、[プロパティ] パネルにスライダーが表示されます。[中間調] のスライダー（中央の三角形アイコン）を左へドラッグし、写真を明るくします（ここでは「2」に設定）❸。左へドラッグすると中間域が持ち上がり、全体がふんわりとしたイメージになります。

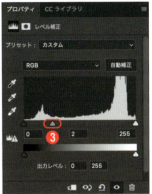

STEP 4 レッドチャンネルを調整して赤みを足す

[レベル補正] の [RGB] のプルダウンメニューを [レッド] に切り替えます❹。こちらも同様に [中間調] スライダーを左へドラッグし、赤みを強調します（ここでは「1.5」に設定）❺。赤みが増えることで、より朝日を浴びたような印象になります。

> **memo**
> 階調の数値の変更は、スライダーの下にある数値を直接入力する方法もあります。

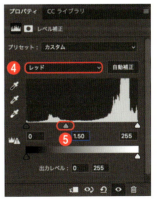

図3 レベル補正の数値

STEP 5 ［逆光］でレンズフレアを追加して朝日を作る

スマートオブジェクト化したレイヤーを選択します❻。［フィルター］メニュー→［描画］→［逆光］を選択します❼。表示された［逆光］ダイアログボックスのサムネール上でドラッグし、光の起点を写真の左上あたりに設定します❽。［明るさ］の数値を調整し、フレアの強さを決めたら［OK］ボタンをクリックします❾。

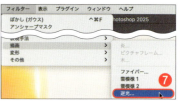

STEP 6 微調整して仕上げる

［レイヤー］パネルに表示されているスマートフィルターの［逆光］項目をダブルクリックして再度［逆光］ダイアログを表示します❿。
数値や［レンズの種類］を変更するとフレアの形状やにじみ方が変わるので、何度か試して調整します⓫。

> **memo**
> ［逆光］フィルターには小さなサムネール状の表示のみでプレビュー機能がないので、一度の操作で思ったような仕上がりにならないこともあります。スマートフィルターを利用して何度もやり直して調整しましょう。

| Chapter 14　実習 |

Lesson 05 写真をイラスト風にしよう

手頃なイラストが無い場合、フィルターを使って写真をイラスト風に加工することでデザインが賑やかに見えます。

このレッスンでやること
- ［フィルターギャラリー］の操作を学ぶ
- 写真をイラスト調にする

STEP 0　完成を確認する

［フィルターギャラリー］でさまざまな加工系のフィルターが適用できます。上手に組み合わせることで、手元の写真がステキな素材に変わります。ほかのスマートフィルターもぜひ試してみてください。背景が白い画像だと可愛く仕上がります。

図1　14-5.jpg

図2　14-5-finish.psd

STEP 1　データを開いてスマートオブジェクトに変換する

練習データ「14-5.jpg」を開きます。
［フィルター］メニューから「スマートフィルター用に変換」を選択します❶。

STEP 2 スマートオブジェクトを複製する

[レイヤー] メニューから [レイヤーを複製] を選択します❷。[レイヤーを複製] ダイアログはそのまま [OK] ボタンをクリックします。

STEP 3 [フィルターギャラリー] を適用する① 粗いパステル画

下のレイヤーを選択します❸。

[フィルター] メニュー→ [フィルターギャラリー] を適用します❹。[フィルターギャラリー] の専用のウィンドウが開きます。[アーティスティック] の中から [粗いパステル画] を選択します❺。以下の設定ができたら [OK] ボタンをクリックします❻。

```
ストロークの長さ ................ 15
ストロークの正確さ ............ 10
テクスチャ ............................ カンバス
拡大・縮小 ............................ 100%
レリーフ ................................ 30
照射方向 ................................ 下へ
```

memo
[OK] をクリックすると、元の画面に戻ります。上の複製したレイヤーが表示されるので、見た目では元の画像が表示されたままの状態になります。

STEP 4 [描画色] を変更する

2つめのフィルターの準備をします。ツールパネルの下部にある [描画色] をダブルクリックして [カラーピッカー] ダイアログを表示して❼、茶色系の色に変更して [OK] ボタンをクリックします❽。「背景色」は白にします。

カラー
（茶） .... R：145 G：107 B：47

STEP 5 ［フィルターギャラリー］を適用する②
コピー

STEP2でフィルターを適用していない方のレイヤーを選択します❾。
［フィルター］メニュー→［フィルターギャラリー］を適用し、［フィルターギャラリー］の専用のウィンドウが開きます❿。［スケッチ］の中から［コピー］を選択します⓫。以下を参考に数値を調整して［OK］ボタンをクリックします⓬。

```
ディティール.............24
暗さ ............................25
```

memo

このときの画像の色はSTEP4で選択した「描画色」と「背景色」が適用されます。

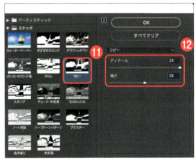

 STEP 6 描画モードと［不透明度］を変更する

上のレイヤーを選択したまま、レイヤーの描画モードを［通常］から［焼き込みカラー］に変更します⓭。続いて、レイヤーの［不透明度］を「70%」に変更します⓮。

memo

［フィルターギャラリー］では、画面左の下にある［＋］アイコンをクリックすると［粗いパステル画］＆［コピー］といったように、複数のフィルターをかけ合わせることもできます。今回はレイヤーの描画モードを設定したいため、別々のレイヤーで個別にフィルターを適用しています。

図3 複数のフィルターのかけ合わせ

| 練習用データ >> 14-06 |

Chapter 14　実習

Lesson 06 ［Camera RAWフィルター］でノイズをきれいにしよう

デジタルカメラで写真を撮ると、ザラつきのあるノイズが発生することがあります。これを［Camera RAWフィルター］で修正してみましょう。

このレッスンでやること
- ［Camera RAWフィルター］の基本を学ぶ

STEP 0　完成を確認する

デジタルカメラで撮影した画像は、JPGのほかに、RAW（ロー）データと呼ばれる生のデータを残しておくことができます。このRAWデータにはJPGに収めきれなかった色の情報が含まれており、専用のソフトを使ってRAWデータを「現像」すると、理想の色味を引き出すことができるのですが、Photoshopの［Camera RAWフィルター］はこれを擬似的に行う機能です。

素材

図1　14-6.jpg

完成

図2　14-6-finish.psd

STEP 1　データを開いてスマートオブジェクトに変換する

練習データ「14-6.jpg」を開きます。
［フィルター］メニューから「スマートフィルター用に変換」を選択して、スマートオブジェクトレイヤーに変換します❶。

[Camera RAW フィルター] を適用する

[フィルター] メニュー→ [Camera RAW フィルター] を適用します❷。専用の編集画面が開きます。

> **memo**
> 左側のプレビュー画面を拡大しておくと便利です。左下に倍率が％で表示されているので、クリックして拡大倍率を選択します。

[ライト] を微調整する

[ライト] のスライダーを操作し、以下の設定を行って白黒がより引き締まるように調整します❸。

- 自動白レベル............+40
- 自動黒レベル............-30

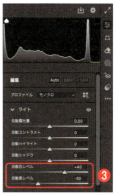

> **memo**
> カラー写真の場合は、[自動露光量] や [自動コントラスト]、[自動ハイライト]、[自動シャドウ] を活用してください。

[ディティール] でノイズを減らす

右側のスクロールバーを下げ、[ディティール] の項目を表示します❹。
[ディティール] → [ノイズ軽減] を使用すると、画面上のノイズの粒子が目立たなくなり、ツルッとしたテクスチャになります（ここでは、「70」に設定）❺。[OK] ボタンをクリックして決定します。

> **memo**
> 明るさや色味は [色調補正] パネルでも修正が可能です。[Camera RAW フィルター] はこれらの補正が一度でできるので便利なのですが、パラメーターが沢山あり、すべてを熟知した上で操作するのがやや難しいため、カラー写真の補正などでは、[色調補正] と併用しても問題ありません。
> [ノイズ軽減] と似た機能に [ニューラルフィルター] の [JPEGのノイズを削除] があります。こちらもぜひ試してみてください。

章末問題 写真にフィルターをかけよう

　素材データのPSDデータを開いて、黄色のチューリップに目が行くように「フィルター」を使って遠近感をつけてください。

制作条件　　　　　　　　　　　　　　　　　演習データフォルダ >> 14 - drill
- 用意されたデータ（14-drillMaterial.psd）を使用する
- 手前のパンジーや奥の木に対して「ぼかし」をかける
- 黄色のチューリップにピントが合うように調整する

素材データ >> 14 - drillMaterial.psd　　　作例データ >> 14 - drilSample.psd

アドバイス

　素材PSDデータを開くと、別々のレイヤーによる合成用のデータが表示されます。素材データの状態では、3枚すべての画像にピントが合っている状態なので、何を主題にしているのかが分かりづらいです。そこで、［ぼかし］フィルターを活用します。また、黄色のチューリップに［シャープ］をかけるのもおすすめです。

Chapter

15

「描画」機能を使って
デザインしよう

画像に色を塗る方法や画像に形や文字を挿入する
「描画」のテクニックを学びながら、
バナーやサムネイル画像を作成していきます。
よく見かける表現に合わせて
さまざまな機能を使いこなしていきましょう。

Chapter 15　授業

描画機能のキホンを知ろう

画像に何かを書き加えることを「描画（びょうが）」と言います。
本章では、Photoshopの描画機能を紹介します。

色を塗る＆絵を描くには「ブラシ」や「消しゴム」

　Chapter10のLesson02で紹介した［ブラシ］ツールなどで図形や絵を描くのは描画のひとつです。一度簡単におさらいしておきましょう。
　［ブラシ］ツールを選択すると、上部のオプションには**ブラシの種類、サイズと硬さ、不透明度、（描画）モード**などのパラメーターが表示されます。
　余分な部分を削除するには［消しゴム］ツールを使用します。こちらも基本的な使い方は［ブラシ］ツールと同じです。

図1　［ブラシ］ツールのオプションバー

　はじめにこれらを調整してから色を選んでカンバスに描きはじめます。選択範囲と［ブラシ］ツールを併用すると境界をよりハッキリと区別する形で描画できます。

シンプルな線や形を描画する「シェイプ」

　［ブラシ］ツールを使ったピクセルでの描画は柔軟で自由な反面、マウスなどでのコントロールや、形の正確な修正や数値での指定が困難です。たとえば「画像の境界線に2ピクセルの枠を描きたい」であるとか「三角形を描いて、後から形を編集したい」といった作業には向きません。そこで覚えておきたいのがシェイプを使った描画です。

● 形がハッキリしていて再編集可能な「シェイプ」はバナーのデザインで大活躍

　丸や三角、四角や線などの境界がハッキリしている形は「シェイプ」という機能を使って描画します。シェイプとして作成した形は、色やサイズを後から変更できるなど、数値での管理が可能です。Illustratorのベクターに近い機能ですね。こうした特徴から、SNSなどで見かけるヘッダー画像、サムネイル画像やバナー制作のパーツづくりによく使われています。

◉「シェイプツール」があるわけではない

ただし「シェイプツール」というツールはありません。[長方形]ツール、[楕円形]ツール、[三角形]ツール、[ライン]ツール、[ペン]ツールなどの決まった形を描くためのツールの描画方法の種類のひとつに[シェイプ]というモードがあるイメージです。

図2 シェイプ系ツール①

図3 シェイプ系ツール②

各ツールの上部のオプションバーから[シェイプ]を選択することでドラッグなどでシェイプとして形を描画できるようになります。詳しい手順は後ほど紹介します。

図4 各ツールのオプションバーから[シェイプ]を選択する

シェイプには「塗り」と「線」に対して、単色・グラデーション・パターンが使用できます。ここもIllustratorと似ています。

また、Illustratorで描いたベクターデータをシェイプやスマートオブジェクトとしてペーストして、再編集を可能にする方法もあります。その方法はChapter17で紹介します。複雑な形が必要であればIllustratorと連携できるとベストです。

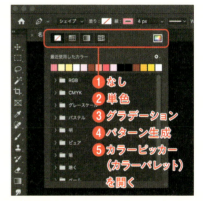

図5 オプションの色の設定

Photoshopで文字を入力&彩ろう

シェイプなどの「形」と並んでバナーやサムネイル制作に欠かせないのが「文字」です。

Photoshop上で文字を入力するには、[横書き(縦書き)文字]ツールで文字を入力して、[文字]パネルや[段落]パネルで調整をしていきます。カーニングやトラッキングといった基本的な操作感はIllustratorと同じです。

図6 [文字]パネルと[段落]パネル

291

複雑な形のロゴなどをPhotoshopで扱う場合、Illustratorで作成したデータを「スマートオブジェクト」形式などでペーストして使うのが便利です。

　ただ、なんでもかんでもIllustratorからコピペするのはかえって時間がかかります。フォントの形を編集しないような文字であれば、Photoshopで入力・編集したほうが簡単です。

　文字やシェイプなどのPhotoshopのレイヤーには、「レイヤースタイル」が使用できます。フチやエンボスなどの特殊な効果によって情報を強調することができる機能です。タイトルなどの文字要素に使用されることが多いものの、シェイプや切り抜いた画像などにも応用できる便利な機能です。

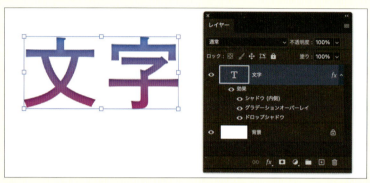

図7 「レイヤースタイル」の設定

　［レイヤースタイル］ダイアログの中で、文字を装飾する際によく使われるものとしては以下のもの 図8 が挙げられます。

図8 ［レイヤースタイル］の効果

　レイヤー効果はほかにもさまざまな種類があったり、複数設定できたりするので、いろいろと試行錯誤してみてください。

Illustratorで作ったロゴをPhotoshopで配置しています。これに［レイヤースタイル］をかけたいです。

はい、できます。Illustrator上でオブジェクトをコピーした後で、Photoshopでペーストしましょう。2つのアプリを組み合わせると、色と形が派手で目立つ文字も作れるようになりますよ。

| 練習用データ ≫ 15-01 |

Chapter 15　実習

Lesson 01　シェイプを使って直線と枠線を描こう

デザインやレイアウトの作業では、線で場所を区切って要素同士の区切りをハッキリさせることがよくあります。直線と枠線の描き方を通して、シェイプの操作を覚えていきましょう。

このレッスンでやること
- ☐ 直線を描く
- ☐ 線の色や太さを操作する
- ☐ 枠線を描く
- ☐ 線の種類を操作する

STEP 0　完成を確認する

バナーやサムネイル画像に線を引いたり罫線で囲んだりといった処理を学びながら、シェイプの基本的な描画方法を体験してみましょう。

図1　15-1.psd

図2　15-1-finish.psd

STEP 1　練習用データを開く

練習データ「15-1.psd」を開きます。
カンバスのサイズが小さいので、拡大表示しておきます❶。

❶ ⌘（Ctrl）+ ＋

STEP 2　直線を描く準備をする

［ペン］ツール を選びます❷。上部のオプションバーのプルダウン（ピクセル／パス／シェイプ）の中から［シェイプ］を選択します❸。

STEP 3　線の色と太さを選ぶ

［塗り］の右側のアイコンをクリックして、「なし」を選択します❹。
［線］の右側のアイコンをクリックして❺、右上の［カラーピッカー］のアイコンをクリックします❻。［カラーピッカー（線のカラー）］ダイアログを開いて以下のRGB数値を入力します❼。また、線の太さを「4px」に設定します❽。

> 線のカラー
> （茶）............................R：100　G：70　B：50

STEP 4　直線を描く

カンバス上で開始点をクリックして、shift を押しながら終了点をクリックします❾。

STEP 5　線のスタイルを変更する

上部のオプションの［線オプション］から丸い破線をクリックして選択します❿。
描画が終わったら［移動］ツール に切り替えて［ペン］ツールの描画を一度終了します⓫。

294　Lesson 01　シェイプを使って直線と枠線を描こう

STEP 6 線の長さを変更する

[パス選択]ツール を選びます❶❷。開始点か終了点（アンカーポイント）をドラッグ操作で囲んで選択状態にします。アンカーポイントが青くなったら選択された状態です。
そのままクリック＆ドラッグ操作でパスを伸ばすか、方向キーでパスを調整します❶❸。
変更が終わったら、カンバスの何もないところをクリックして編集を終了します。

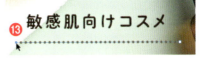

STEP 7 枠線を描く準備をする

[長方形]ツール を選択します❶❹。オプションバーで[シェイプ]を選択します❶❺。線の太さを「8px」に変更します❶❻。[線オプション]を開いて線の種類を[直線]に戻します❶❼。「塗り」と「線」の設定はそのまま引き継がれます。

STEP 8 カンバス上でクリックする

カンバス上でクリックし、[長方形を作成]ダイアログの[幅]を「500px」、[高さ]を「300px」と入力して[OK]ボタンをクリックします❶❽。

> **memo**
> このサイズは素材データのカンバスサイズと同じです。

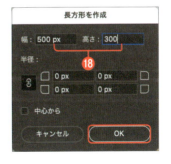

STEP 9 [プロパティ] パネルで長方形の位置を設定する

[プロパティ] パネルを開きます。シェイプを選択している状態で、[プロパティ] パネルからシェイプに関する情報が確認できます。
[X] と [Y] に半角英数字で「0」と入力すると、描いた四角形が左上を起点にカンバスにぴったり合います❶。

> **memo**
>
> [プロパティ] パネルを表示しているのにシェイプの情報が表示されない場合、主に2つの可能性が考えられます。
>
> ①シェイプレイヤーが選択されていない
> →[レイヤー] パネルから [(長方形1)] のシェイプレイヤーを選択しましょう。
> ②レイヤーマスク側が選択されている
> →[プロパティ] パネルの [シェイプ] のアイコン □ をクリックしましょう。

STEP 10 [線オプション] の [整列] で線の位置を設定する

続いて、[プロパティ] パネルの [線オプション] を開きます。[アピアランス] にある [整列（線の整列タイプを設定）] のアイコンの中から一番上の [内側] を選択します❷。最後にファイルを保存して完了です。

MINI COLUMN　[整列（線の整列タイプを設定）] って何？

　シェイプは元々、太さや色を持たないパスでできています。シェイプはこのパスに「線」や「塗り」の色を付けられる仕組みがあるのですが、パスのどこを基準に線の色、太さを設定するのかを決めるのが [整列（線の整列タイプを設定）] です。設定項目には、パスに対して、[内側]・[中央]・[外側] の3種類があります。
　今回はSTEP8でカンバスとまったく同じサイズの長方形を作っているので、[中央] にすると、半分の4px分、線が外側にはみ出します。[外側] にすると8pxすべてがパスの外側になるため、線がまったく見えなくなってしまいます。そこで今回は [内側] を選んでいます。

| 練習用データ >> 15-02 |

Chapter 15　実習

Lesson 02　シェイプを使って形を描こう

Photoshopのシェイプを使って吹き出しを描いてみます。描いた吹き出しはバナーやサムネイル制作などの文字を賑やかに見せる際に活躍します。

このレッスンでやること
- 角丸長方形を作る
- 三角形を作る
- シェイプ同士を結合して吹き出しを作る

STEP 0　完成を確認する

シェイプ同士を組み合わせて簡単な形を作る方法を覚えましょう。レイヤーが多くなりがちなので、シェイプ同士を「結合」すると便利です。

図1 15-2.psd

図2 15-2-finish.psd

STEP 1　練習用データを開いて長方形を作成する準備をする

練習データ「15-2.psd」を開きます。
[長方形]ツール を選択し❶、上部のオプションバーで[シェイプ]❷、[塗り]に白を設定します❸。[線]は「なし」にします❹。

▸ カラー
（白）.............................R：256　G：256　B：256

STEP 2 長方形を作成する

カンバス上でドラッグして横長の長方形を描きます❺。

STEP 3 長方形を角丸にする

長方形の内側に表示される丸のアイコンを内側にドラッグして角丸にします❻。

> **memo**
> ［長方形］ツール以外のツールを選択していると丸のアイコンは非表示になります。
> また、［長方形1］のシェイプレイヤーを選択している状態で［プロパティ］パネルから数値を入力・調整しても変更できます。

STEP 4 三角形を描く

［三角形］ツール △ を選択します❼。画面のカンバス上でドラッグして三角形を描きます❽。これが吹き出しのしっぽの部分になります。

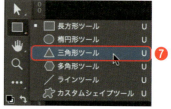

STEP 5 三角形を編集する

ドラッグが終了するとバウンディングボックスが表示されるので、四隅をドラッグして三角形を回転させます❾。各辺の中心をドラッグすると縦横比を変えられます❿。しっぽの大きさや角度を変更して、角丸長方形の下に配置します⓫。

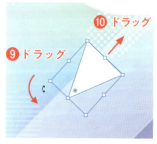

> **memo**
> バウンディングボックスが表示されない場合は、⌘＋Ｔを押すか、［移動］ツールのオプションで［バウンディングボックスを表示］にチェックを入れます。バウンディングボックスによる変形の操作はIllustratorと同じです。

STEP 6　三角形の形を微調整する

［パス選択］ツール ▶ を選びます⓬。三角形の角（アンカーポイント）をクリックして選択し、ドラッグ操作で三角形の形を変更して吹き出し部分を微調整します⓭。

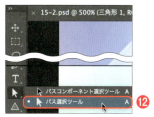

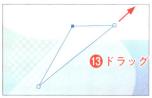

STEP 7　ふたつのシェイプを合体させる

［レイヤー］パネルで shift を押しながら三角形と角丸長方形のレイヤーを選択します⓮。右クリックして［シェイプを結合］を選択します⓯。2枚のレイヤーが1枚のレイヤーになります。

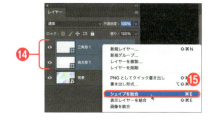

STEP 8　吹き出しの線の処理を変更する

［長方形］ツールや［三角形］ツールなどを選んだ状態で吹き出しのレイヤーをクリックして選びます⓰。オプションバーや［プロパティ］パネルの［アピアランス］の［線］に色を設定します。そのほか、［太さ］、［線オプション］の［整列］、［角］を以下の設定にするのがおすすめです⓱。

```
線のカラー（黄）.......R：255　G：255　B：0
線の太さ ....................4px
整列 ............................外側
角 ................................ラウンド
```

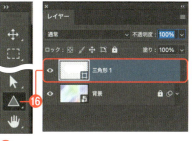

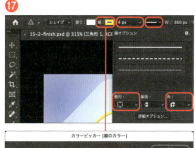

| 練習用データ >> 15-03 |

Chapter 15　実習

Lesson 03　ブラシを使って塗り絵をしよう

ブラシを使って色を塗ってみましょう。ブラシにはさまざまな種類があり、ダウンロードしたブラシも使用できるので、手描きでは難しいタッチの絵にも仕上げられます。絵が得意な方はペンタブを繋いで、絵を描くところからはじめるのもおすすめですよ。

このレッスンでやること
- ［ブラシ］ツールで色を塗る
- 選択範囲と組み合わせて色を塗る

STEP 0　完成を確認する

［ブラシ］ツールについては一度紹介していますが、ここで紹介するのは選択範囲を作って彩色用のレイヤーで活用するというイラスト描画のテクニックです。慣れてきたら自分で絵を描いてみるのもおすすめです。

図1 15-3.psd

図2 15-3-finish.psd

STEP 1　練習用データを開く

練習データ「15-3.psd」を開きます。
塗りのない線画のレイヤー（［イラスト］レイヤー）と背景用の塗りつぶしレイヤー（［べた塗1］レイヤー）が表示されます。［レイヤー］パネルを開いて、背景と線とが別々のレイヤーになっていることを確認しておきます。

新規レイヤーを作成する

ブラシ用のレイヤーを作成します。［レイヤー］メニュー→［新規］→［レイヤー］を選択します❷。「ブラシ赤」など、わかりやすい名前を付けて［OK］ボタンをクリックしてレイヤーを作成します❸。
「レイヤー」パネルで［ブラシ赤］レイヤーをドラッグして［イラスト］レイヤーの下に配置します❹。

 ブラシの準備をする

［ブラシ］ツール を選びます。オプションバーから以下の通りにブラシの種類を選び、［直径］と［不透明度］を設定します❺。

▼
  ブラシの種類............ドライメディアブラシの中の
                        Kyleの究極のパステルパルーザ
  直径..........................80
  不透明度...................100％

 描画色を決める

ツールバーの下部にある［描画色］か、［カラー］パネルの［描画色］のアイコンをクリックして［カラーピッカー］ダイアログを表示し、以下の色を設定します❻。

▼
  描画色
  （赤）.........................R：240　G：150　B：120

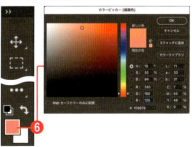

STEP 5 選択範囲を作る

はじめに、線画全体に色を塗ります。色がはみ出ないよう選択範囲を作成します。
［ブラシ赤］レイヤーを選択します。［自動選択］ツールを選択します❼。上部のオプションバーの［全レイヤーを対象］にチェックを入れて❽、イラストの中央をクリックすると、［イラスト］レイヤーに基づいた選択範囲を［ブラシ赤］レイヤーに対して作成できます❾。

STEP 6 線画用のレイヤーを選択して色を塗る

［ブラシ］ツールを選択し、カンバス上をドラッグして色を塗ります❿。選択範囲を保った状態で［描画色］を変更して、明るい色や暗い色、ブラシの［不透明度］を使い分け、陰影をつけていきます⓫。
色を塗り終えたら［選択範囲］メニュー→［選択を解除］をクリックします⓬。

STEP 7 2色目用のレイヤーを作る

［レイヤー］メニュー→［新規］→［レイヤー］を選択し、「ブラシ緑」など、わかりやすい名前を付けて［OK］ボタンをクリックしてレイヤーを作成します⓭。
［レイヤー］パネルを確認し、必要に応じて［ブラシ緑］レイヤーをドラッグして［イラスト］レイヤーの下に配置します⓮。

302　Lesson 03　ブラシを使って塗り絵をしよう

STEP 8 選択範囲を作成する

STEP5の作業と同様に操作し、ヘタの部分の選択範囲を作成します。
一度で選択できないヘタの奥の部分は［自動選択］ツールで選択範囲を作成している状態でshift＋クリックして選択範囲を追加します。

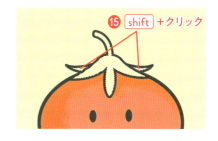

STEP 9 線画用のレイヤーを選択して色を塗る

ブラシの設定はそのままで、［描画色］を緑にして色を塗ります（以下の数値を参考）。上部のオプションバーで［不透明度］を「40％」設定して⑰、塗り重ねます⑱。最後に選択を解除して完成です。

描画色
（緑）.............................R：100　G：200　B：80

> **memo**
> ［イラスト］レイヤーを非表示にしたり、色の付いたレイヤーを意図的にずらしたりしてもかわいい作品に仕上がります。

図3 ［イラスト］レイヤーを非表示にする

図4 色を塗ったレイヤーをずらす

| 練習用データ >> 15-04 |

Chapter 15　実習

Lesson 04　文字を入力しよう

Photoshopでの基本的な文字の入力方法を紹介します。文字の入力ができたら、大きさやフォントの種類などを決めていきましょう。

このレッスンでやること
- ☐ 文字を入力する
- ☐ フォントの種類や大きさや色を設定する

STEP 0　完成を確認する

基本的な文字の入力方法はIllustratorと似ている部分も多いです。復習も兼ねて、Photoshopでの文字入力をマスターしましょう。

図1 15-4.psd　　　図2 15-4-finish.psd

STEP 1　練習用データを開く

練習データ「15-4.psd」を開きます。
文字の入っていないサムネイル画像用のデータが開きます❶。

Lesson 04　文字を入力しよう

STEP 2　文字を入力する準備をする

[横書き文字]ツール  を選びます❷。オプションバーで以下のようにフォントの種類❸、大きさ❹、色を設定します❺。フォントがない場合はほかのフォントで代用しても構いません（Adobe Fontsからアクティベート可能です）。

```
フォント.................源ノ角ゴシックJP Normal
フォントサイズ.........30pt
カラー（赤）...........R：180　G：80　B：80
```

memo

フォント名が表示されている欄は、フォント名を入力して検索もできます。
また、フォントの種類やサイズ、色は文字を入力した後からの調整も可能です。

STEP 3　文字を入力する

カンバスをクリックして「かわいいネコ100選！」と入力します❻。
「コ」と「1」の間をクリックして return （ Enter ）を押して改行します。

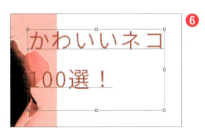

STEP 4 ［行揃え］を［中央］に変更する

［ウィンドウ］メニュー→［段落］で［段落］パネルを開きます❼。
文字をドラッグ操作してすべて選ぶか、⌘（Ctrl）＋Ａですべて選択し❽、段落パネルの［左揃え］を［中央揃え］に変更します❾。

> **memo**
> オプションバーや［プロパティ］パネルからの変更も可能です。

STEP 5 一部の大きさを変更する

［ウィンドウ］メニュー→［文字］で［文字］パネルを開きます❿。
入力した文字をダブルクリックすると文字が選択されます。ドラッグ操作で2行目を選択して⓫、フォントとフォントサイズを次のように設定します⓬。

フォント.....................源ノ角ゴシックJP Heavy
フォントサイズ.........40pt

> **memo**
> 同じフォントを使いながら単語ごとに異なる大きさや太さ（ウェイト）を使うと、メリハリとまとまりを両立できます。

STEP 6 ［文字］パネルで行送りを設定する

文字をすべて選択しておきます⓭。［文字］パネルで［行送り］を「40pt」に設定します⓮。

> **memo**
> 「行送り」は行と行の間隔のことです。

STEP 7 ［文字］パネルでトラッキングを設定する

1行目の「かわいいネコ」をドラッグ操作で選択します❶。［文字］パネルで［トラッキング］を「-40」に設定します❶。選択された文字同士の間隔が全体的に広がります。

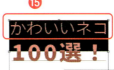

STEP 8 ［文字］パネルで［カーニング］などを設定する

クリックしてカーソル（Iビームポインタ）を表示させ、方向キーを使って2行目の「選」と「！」の間へカーソルを移動します❶。カーソルが点滅状態になったら、［文字］パネルで［フォントサイズ］［カーニング］［ベースラインシフト］を以下のように設定します❶。

フォントサイズ.................................50pt
前後の文字間のカーニング.............-300
ベースラインシフト.........................-2pt

STEP 9 ［文字］ツールを解除して位置を微調整する

［移動］ツールを選択すると［文字］ツールが解除されます❶。
文字レイヤーのバウンディングボックスが表示されるので、文字の位置をマウスや方向キーで微調整します❷。

memo
［レイヤー］パネル上でテキストレイヤーを選択していない場合は移動ができないので、［移動］ツールを選んだ状態でテキストオブジェクトかレイヤーをクリックしてから移動します。

| Chapter 15　実習

Lesson 05　入力した文字を［レイヤー効果］で加工しよう

文字を入力しただけではインパクトに欠けると感じられることもあります。文字をより目立たせるには［レイヤースタイル］で影やフチ文字などの効果を付けることを検討してもいいでしょう。

このレッスンでやること
- ☐ 文字に効果を付ける
- ☐ ［レイヤースタイル］機能を知る

STEP 0　完成を確認する

［レイヤースタイル］はIllustratorの［アピアランス］と似た機能です。ここでは比較的オーソドックスなものを紹介していきますが、幅広い加工・表現に応用できる機能です。Photoshopの場合はテクスチャ―、金銀を思わせるギラギラしたような加工なども得意です。

図1 15-5.psd

図2 15-5-finish.psd

STEP 1　練習用データを開く

練習データ「15-5.psd」を開きます。
文字が入力されているデータが開きます❶。

memo
［横書き文字］ツールで文字を選択するか、あらかじめAdobe FontsのWebサイトで以下のフォントをアクティベートすることでサンプルデータの文字を打ち替えて利用できます。［レイヤースタイル］の加工のみであれば特にアクティベートは不要です。

・フォント：ADS マンボ
（https://fonts.adobe.com/fonts/ads-mambo）

STEP 2 [レイヤースタイル] ダイアログを開く

[文字] レイヤーを選択します❷。[レイヤー] パネルの
[パネルメニュー] → [レイヤー効果] を選択します❸。
[レイヤースタイル] ダイアログが開きます。

memo

ほかにも次の場所から [レイヤースタイル] ダイアログ
を表示できます。

・[レイヤー] メニュー→ [レイヤースタイル] →
　[レイヤー効果]
・[レイヤー] パネル下部の [fx] アイコン→
　[レイヤー効果]
・[レイヤー] パネルで効果を付けたいレイヤーの右側
　をダブルクリック

STEP 3 [境界線] を設定する

[レイヤースタイル] ダイアログの左側の [スタイル]
から [境界線] をクリックして選ぶと、中央の画面が切
り替わります❹。各項目を次のように指定します❺。

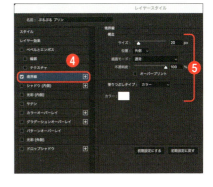

サイズ	20px
位置	外側
描画モード	通常
不透明度	100%
塗りつぶしタイプ	カラー
カラー（白）	R：255　G：255　B：255

STEP 4 [ドロップシャドウ] を設定する

続けて [ドロップシャドウ] をクリックして選びます❻。
各項目を次のように設定します❼。[画質] カテゴリは
そのままにしておきます。

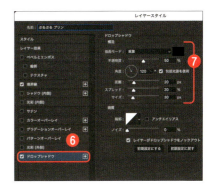

描画モード	乗算
カラー（黒）	R：0　G：0　B：0
不透明度	50%
角度	120°
距離	20px
スプレッド	20%
サイズ	30px

STEP 5　[グラデーションオーバーレイ] を設定する①

続けて [グラデーションオーバーレイ] を選択します❽。グラデーションのプリセット（設定）を利用して、文字色をグラデーションにします。
[グラデーション] の帯部分をクリックすると、新しく [グラデーションエディター] ダイアログが表示されます❾。

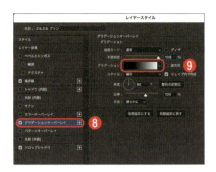

STEP 6　[グラデーションオーバーレイ] を設定する②

プリセット欄の [Oranges] フォルダをクリックして、グラデーションのリストを表示し、[Orange_10] のグラデーションのアイコンをクリックします❿。
そのほかの項目も以下のように設定します⓫。

```
描画モード ................通常
不透明度 ....................100%
スタイル .....................線形
角度 .............................90%
比率 .............................100%
```

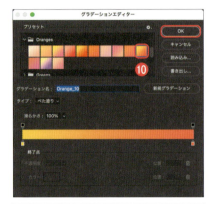

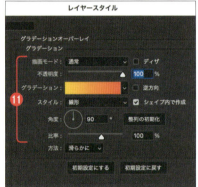

[ベベルとエンボス]を設定する

続けて[ベベルとエンボス]を選択します⓬。各項目を次のように設定します⓭。[光沢輪郭]は、グラフの図形をクリックして、[プリセット]の中から[くぼみ-深く]を選択し[OK]ボタンをクリックします⓮。

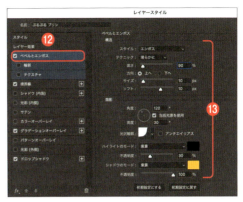

```
スタイル..........................エンボス
テクニック......................滑らかに
深さ..................................90%
方向..................................上へ
サイズ..............................10px
ソフト..............................10px
角度..................................120°、[包括光源を
　　　　　　　　　　使用]にチェックを入れる
高度..................................30°
光沢輪郭..........................くぼみ-深く
ハイライトのモード....乗算
カラー（黒）..................R：0　G：0　B：0
不透明度..........................0%
シャドウのモード........乗算
カラー（黄）..................R：255　G：204
　　　　　　　　　　　　　B：0
```

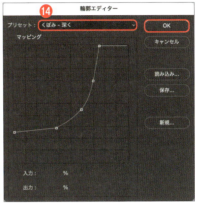

 編集を完了する・再編集する

最後に[レイヤースタイル]ダイアログの[OK]ボタンをクリックして編集を完了します。押し込んだような効果のある文字に加工できました⓯。レイヤー効果を再編集するには、レイヤーを選択してSTEP2と同じようにレイヤー効果を開きます。

memo

レイヤー効果をすべて削除するには、効果のかかっているレイヤーを選択して、[レイヤー]パネル→[レイヤースタイル]→[レイヤースタイルを消去]を選択するか 図3 、[レイヤー]パネルで該当するレイヤーを右クリックして[レイヤースタイルを消去]を選択します。

図3 [レイヤー]メニューから[レイヤースタイル]を削除する

311

章末問題 バナーを作ろう

　新しくファイルを作成して、バナー広告をデザインしましょう。色や大きさ、フォントなどは自由に決めて構いません。楽しげな雰囲気を出してください。

> 制作条件
>
> 演習データフォルダ >> 15 - drill
>
> - ［新規作成］でカンバスを作成する（［Web］を選択して、横800px×縦400px、解像度72ppi,カラーモードRGBにする）
> - 次の要素を作成する。
>   ①桃のイラスト／②罫線／③枠線／④文字（新鮮でおいしいモモ500yen）

作例データ >> 15 - drilSample.psd

> アドバイス
>
> 　Photoshop上でそれぞれの要素をデザインしてください。足りないと思った要素は描き足したり、フィルターで加工したり、シェイプを作成してください。ただしテキストを足したりするのはNGです。桃のイラストは一度別のファイルに描いた後で、［ファイル］メニュー→［埋め込みを配置］で配置するといいでしょう。自分で用意した写真を「配置」して、それを下敷きにして絵を描くのもおすすめです。

図1 完成したデザインの［レイヤー］パネル

Chapter

16

Photoshopで写真を魅力的に加工しよう

このChapterでは、より実践的な合成の流れや、
修正のテクニックを紹介します。
これまで習得してきた機能を積極的に活用しつつ、
新しい機能も試してみましょう。

| 練習用データ >> 16 - 01 |

Chapter 16 　実習

Lesson 01　ポートレートをキレイに仕上げよう

人物を被写体とした写真をポートレートと言います。Chapter11やChapter13などで紹介した補正を復習しながら、［ニューラルフィルター］を使ったレタッチのテクニックを加えて、ポートレートをさらに魅力的に仕上げましょう。

このレッスンでやること
- ☐ 髪の乱れや肌の細かい点を修正する
- ☐ ［ニューラルフィルター］を使って全体の印象を柔らかくする

STEP 0　完成を確認する

次のポイントに沿ってポートレートをレタッチしましょう。

- シミや小さな吹き出物跡を消す
- クマやシワを薄くする
- 髪の毛が飛び出している部分を修正する

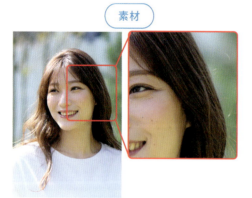

図1 16-1.jpg

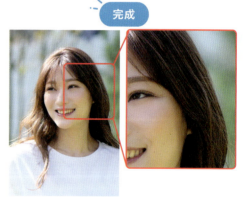

図2 16-1-finish.psd

STEP 1　写真を開いてレイヤーを作成する

練習データ「16-1.jpg」を開きます。
［レイヤー］メニュー→［新規］→［レイヤー］を選んで新規レイヤーを作成します❶。

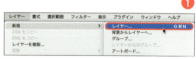

memo
STEP2〜4はこの［レイヤー1］上で操作をおこないます。

314　Lesson 01　ポートレートをキレイに仕上げよう

STEP 2　シミや小さな吹き出物を消す

［スポット修復ブラシ］ツール ❷ を選びます❷。上部オプションバーでブラシサイズをシミより少し大きめに調整し❸、［全レイヤーを対象］にチェックを入れます❹。修正したい部分をクリックまたはドラッグし、細かいシミなどを修正します❺。

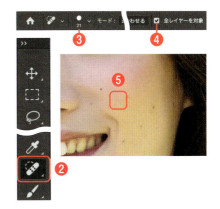

STEP 3　クマやシワを薄くする

［スポイト］ツール ❷ を選んで❻、目の下のあたりでクリックします❼。
次に［ブラシ］ツール ❷ を選択し❽、上部のオプションバーの［不透明度］を「30％」程度にします❾。ブラシの［直径］はシワよりも少し大きめに設定し❿、目の下のクマや小ジワをなぞって薄くします⓫。

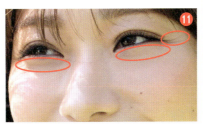

STEP 4　［削除］ツールで髪の毛をなぞる

［削除］ツール ❷ を選択します⓬。上部オプションバーで［全レイヤーを対象］にチェックを入れます⓭。ブラシサイズを髪より少し大きめに調整してから⓮、顔や服にかかった髪や背景部分の跳ねている髪をドラッグして消します⓯。

STEP 5　2枚のレイヤーを1枚のスマートオブジェクトにする

[shift]を押しながら2枚のレイヤーを選択します⓰。右クリックして［スマートオブジェクトに変換］を選択し、1枚のスマートオブジェクトレイヤーにまとめます⓱。

STEP 6　［ニューラルフィルター］の［肌をスムーズに］を適用する

変換したスマートオブジェクトレイヤーを選択します。［フィルター］メニュー→［ニューラルフィルター］を選択します⓲。表示がニューラルフィルター専用の画面に切り替わります。［ポートレート］→［肌をスムーズに］を選択し⓳、［ぼかし］と［滑らかさ］のスライダーを調整し、［OK］ボタンをクリックします⓴。

> **memo**
> ［レイヤー］パネルの［スマートフィルター］の表示・非表示を切り替えるとビフォー・アフターがわかりやすくなります。

STEP 7　［スマートシャープ］を適用する

［フィルター］メニュー→［シャープ］→［スマートシャープ］を選択し、各項目を設定します㉑。［スマートシャープ］をかけることで、目元や髪の毛などをパリッとした印象に仕上げられるので、メリハリを出すことができます。

> **memo**
> ［シャープ］を設定した結果、シワなどが目立つと感じたら、［スマートオブジェクト］をダブルクリックしてデータを展開し、［ブラシ］ツールや［スポット修復ブラシ］ツールなどで修正します。修正したスマートオブジェクトのデータを保存して閉じると、元のデータにも修正が反映されます。

| 練習用データ >> 16-02 |

Chapter 16　実習

Lesson 02　画像同士を合成しよう

男女のダンサーの画像を別の舞台の画像と合成します。2枚のレイヤーを基本に、[色調補正] やスモーク用の [ぼかし] などの効果、影を加えてリアリティを追求していきましょう。

このレッスンでやること
- 複数の画像を合成する
- [色調補正] や [ぼかし] などを使用して違和感を修正する

STEP 0　完成を確認する

ここでは、2枚の画像を使って1つの作品を作ります。以下のポイントを参考に作成してみましょう。

- ダンサーの画像のマスクで切り抜く。精度を高くするために何度かやり直しながら進める。背景の切り抜き残しや不自然な削除をしない
- ステージの色味に揃える。ダンサーの画像は赤みが強いので、色味の調整を二度おこなう
- ダンサーの画像だけに色味の補正をするには [色調補正] に対してクリッピングマスクを使う
- スモーク用のぼかしと影を入れる

素材

完成

図2　16-2-finish.psd

図1　16-2-1.jpg、16-2-2.jpg

Chapter16　Photoshopで写真を魅力的に加工しよう

STEP 1　画像をレイヤーとして追加する

練習データ「16-2-1.jpg」（ダンサー）と「16-2-2.jpg」（舞台）を両方開きます。
［ウィンドウ］メニュー→［アレンジ］→［二分割表示-垂直方向］を選びます❶。
「16-2-1.jpg」（ダンサー）を［移動］ツール ❷で「16-2-2.jpg」（舞台）へドラッグし、レイヤーとして追加します❸。「16-2-1.jpg」（ダンサー）のファイルは閉じます。

STEP 2　PSDデータを作成し保存する

「16-2-2.jpg」（舞台）側の2枚のレイヤーにそれぞれ「ダンサー」「舞台」と名前を付けます❹。［舞台］レイヤーはロックしておきます❺。
［ファイル］メニュー→［保存］を選択してファイル名を付けてPSDデータとして保存します❻。以降はこのデータで作業を進めます。

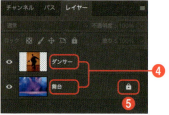

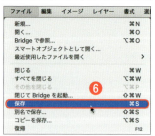

> **memo**
>
> 舞台のJPGだけを開いてから、［配置］を使ってダンサーのレイヤーを配置する方法でも似た結果が得られますが、この場合ダンサーのレイヤーがはじめからスマートオブジェクトになっているので、スマートオブジェクトの扱いに慣れていないと細かい調整などの加工が難しく感じられるかもしれません。スマートオブジェクトレイヤーを右クリックして［通常のレイヤーに変換］を選ぶと、レイヤーを通常のレイヤーとしてそのまま編集できます。

ダンサーのレイヤーを［選択とマスク］で調整する

［レイヤー］パネルで［ダンサー］レイヤーを選びます❼。

［選択範囲］メニュー→［選択とマスク］を選んで画面を切り替えます❽。［選択とマスク］の上部のメニューにある［被写体を選択］と［髪の毛を調整］をクリックしてマスクを作成したら❾、細部を［ブラシ］ツールなどで調整します❿⓫。

> memo
>
> 指の先や足同士の隙間、靴と地面は調整が必要なことが多いので、画面を拡大してしっかり見ていきましょう。このSTEPでは、下のレイヤーが見えている状態でマスクの調整作業をおこなっているので、右側の［属性］レイヤーの［表示］のモードや％を調整して、見やすい状態で操作するのがおすすめです。

 レイヤーマスクを作成して整える

右側［属性］のうち、［エッジをシフト］を「-5％」にします⓬。［出力先］を［レイヤーマスク］にして［OK］ボタンをクリックします⓭。人物側の背景が消えて舞台と合成できました。

レイヤーが選択されている状態で、方向キーやマウスでの操作で足の位置を舞台に揃えます⓮。

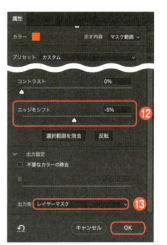

STEP 5　スマートオブジェクトに変換してサイズを小さくする

ダンサーの大きさを小さく調整します。［ダンサー］レイヤーを右クリックして［スマートオブジェクトに変換］を選択します❶。レイヤーがスマートオブジェクトに変換されました。
［編集］メニュー→［自由変形］でバウンディングボックスを表示して❶、ボックスの角をドラッグします❶。

> **memo**
> この［スマートオブジェクトに変換］はChapter14で紹介した［スマートフィルター用に変換］とまったく同じ機能です。スマートオブジェクトレイヤーにすると、縮小後に元の大きさに戻しても画像のピクセルが保たれる、というメリットがあります。
> また、次のSTEPでスマートフィルターを使用するための準備の意味も兼ねて変換しています。

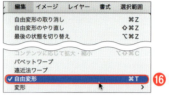

STEP 6　［ニューラルフィルター］で簡単に色を合わせる

［ダンサー］レイヤーを選んだ状態で、［フィルター］メニュー→［ニューラルフィルター］を選択します❶。専用の画面が開いたら、［カラー］→［調和］を選択します。初回の使用時にはダウンロードが必要なので、フィルターをダウンロードします❶。
参照画像の［レイヤーを選択］から、［舞台］レイヤーを選びます❷。強さやシアン、マゼンタなどの値が自動でセットされ、ダンサーの画像が舞台の色味に近づきます。左側の画像の仕上がりを見ながら、ドラッグでカスタマイズします。［出力］を［スマートフィルター］にして［OK］ボタンをクリックして決定します❷。

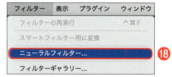

> **memo**
> 下部にある［元の画像を表示］アイコンをクリックすると、適用前の画像が表示されるので、見比べて調整ができます。

[色調補正]でさらに色調整を加える

舞台のライトの色味に合わせてさらに色を演出していきます。

[色調補正]パネルで[個々の調整]→[カラーバランス]を開きます㉒。STEP6と似たスライダーが表示されます。

[階調]のプルダウンでは、[中間調][シャドウ][ハイライト]が選べるので、[中間調][シャドウ]について次のように設定します㉓㉔。これにより、肌色や足の影になっている部分の色が部分的に補正され、よりライトが当たっているような色味になります。

中間調 ………………………
シアン-レッド：0
マゼンタ-グリーン：+15
イエロー-ブルー：-10

シャドウ …………………
シアン-レッド：-10
マゼンタ-グリーン：0
イエロー-ブルー：0

 [色調補正]をクリッピングマスクする

STEP6の状態では、下の[舞台]レイヤーにも色調補正の効果が及びます。これを[ダンサー]レイヤーのみに限定します。

[レイヤー]パネルの[カラーバランス1]の調整レイヤーを選択します㉕。右上の[パネルメニュー]をクリックして、[クリッピングマスクを作成]を選択します㉖。レイヤーの表記が変わり、クリッピングマスクが適用できたことで、ダンサーのみに色調補正がかかるようになりました。

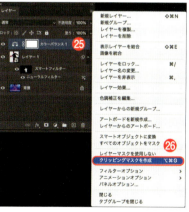

STEP 9　ブラシでスモークを作る

舞台上にあるスモーク（煙）をダンサーに加工します。
［レイヤー］パネルで［新規レイヤーを作成］ボタンを選択し、「スモーク」と名前を付けて一番前面（上）へ配置します㉗。

［ブラシ］ツールを選び、「描画色」を白にします㉘。［ソフト円ブラシ］を選択して㉙、［スモーク］レイヤーが選択されていることを確認してから、カンバス上のダンサーの任意の場所をドラッグし、数か所白いブラシで塗ります㉚。

STEP 10　白いブラシの線をぼかす

［フィルター］メニュー→［ぼかし］→［ぼかし（ガウス）］を選択して、白いブラシをぼかします㉛。

［レイヤー］パネルの［不透明度］のスライダーを調整してスモークを表現します。不透明度の％を調整しながら、［消しゴム］ツール 、［ブラシ］ツールを使って微調整してスモークを馴染ませていきます㉜。

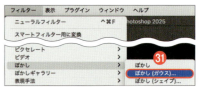

STEP 11 ブラシで影を作る

ダンサーの手前に影を描きます。STEP9と基本的には同じ作業を行います。
レイヤーを作成して「影」と名前を付けて［ダンサー］レイヤーの背面（下）へ配置します㉝。
［影］レイヤーを選択した状態で、［ブラシ］ツールを選択し、［ソフト円ブラシ］、暗い描画色を設定して㉞、ダンサーの足元でドラッグします㉟。

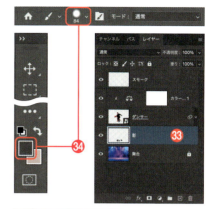

STEP 12 影をぼかす

［フィルター］メニュー→［ぼかし］→［ぼかし（ガウス）］を選択して影をぼかし㊱、［レイヤー］パネルの描画モードを［通常］から［乗算］に変更して［不透明度］を「50%」程度に整えて完成です㊲。

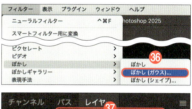

> **memo**
>
> 影の作り方としては、ほかにも次のような操作が考えられます。
>
> ・［ダンサー］レイヤーを複製・反転して［不透明度］と描画モードで調整する
> ・ダンサーのレイヤーマスクから選択範囲を作成して別のレイヤーで黒に塗りつぶしをして反転する
>
> いずれも、最終的には［ぼかし（ガウス）］などを活用して自然に見える形に仕上げるのがポイントです。また、影の入り方などについては、実物をよく観察してデジタルの合成に落とし込むのが理想的と言えます。

| 練習用データ >> 16-03 |

Chapter 16　実習

Lesson 03　ポップなグラフィックを作ろう

パターンやフィルター、タイポグラフィの組み合わせでレトロ&ガーリーなグラフィックを制作します。楽しい気持ちで、さまざまな色やテクスチャーの組み合わせにチャレンジしてみましょう。

このレッスンでやること
- 女性の画像を切り抜いて加工する
- 背景にパターンとフィルターをかける
- バナナの画像を元にフィルターをかけて加工する

STEP 0　完成を確認する

複数のデザイン素材を元に、ポップなイメージ画像を作成します。

- サイズは500pixel × 500pixel、カラーモードはRGBで作成する
- パターンやフィルターを利用して画像を加工する
- 女性の画像の色を変更しつつ、唇など一部については元の色を維持する

素材

完成

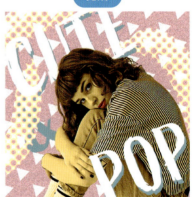

図1　16-3material-1.jpg、16-3material-2.jpg、16-3material-3.psd

図2　16-3-finish.psd

女性の画像を切り抜く

練習データ「16-3material-1.jpg」(女性の画像) を開きます。

[選択範囲] → [選択とマスク] を選び❶、画面が切り替わったら [被写体を選択] と [髪の毛を調整] をクリックして女性の選択範囲を作ります❷。右側の [出力先] で [レイヤーマスク] を選び、[OK] ボタンをクリックすると画像がレイヤーマスクとして切り抜かれます❸。

選択範囲を作って切り抜きが済んだデータを [ファイル] → [保存] を選び、[フォーマット] を [Photoshop] にしてPSDデータとして任意の場所に保存します。保存が済んだら一度ファイルを閉じます。

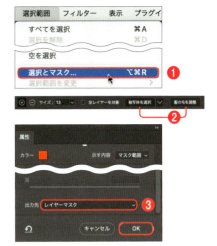

 バナナの画像を切り抜いてPSDデータとして保存する

同じように、「16-3material-2.jpg」(バナナの画像) も開いてバナナのみのレイヤーマスクを作成し、切り抜きができたらPSDデータとして保存して閉じます❹。

> **memo**
> ここでは元のファイル名と同じファイル名を付けます。ここで切り抜いて保存したデータはSTEP8とSTEP10で使用します。

STEP 3 Photoshopにパターンを登録する

練習データ「16-3material-3.psd」（白の三角形のデータ）を開きます。［編集］メニュー→［パターンを定義］を選びます❺。パターン名に任意の名前を付けて［OK］ボタンをクリックします。
［パターン］パネルを確認すると、登録したパターンが表示されています❻。「16-3material-3.psd」は閉じます。

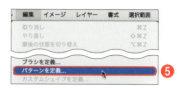

> **memo**
> ここまで、計3つのファイルを編集して閉じているので、作業終了時点でPhotoshop上には何もファイルが開かれていない状態となります。

STEP 4 新規ドキュメントを作成する

［ファイル］メニュー→［新規］を選び、［新規ドキュメント］ダイアログで［アートとイラスト］を選択します❼。右側の［プリセットの詳細］から［幅］を「500ピクセル」、［高さ］を「500ピクセル」に設定して［作成］をクリックします❽。

STEP 5 塗りつぶしレイヤーを作成する

［レイヤー］メニュー→［新規塗りつぶしレイヤー］→［べた塗り］を選びます❾。［新規レイヤー］ダイアログで［OK］ボタンをクリックしたら❿、色をピンクに設定して［OK］ボタンをクリックします⓫。

▸ 参考カラー
（ピンク）............ R：230　G：180　B：190

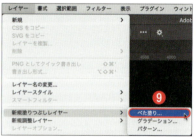

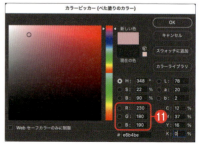

塗りつぶしレイヤーに［レイヤースタイル］をかける

［レイヤー］パネルでSTEP5で作成した塗りつぶしレイヤー（［べた塗り1］レイヤー）の右側をダブルクリックするなどして⓬、［レイヤースタイル］ダイアログを表示します。
左側の［スタイル］→［パターンオーバーレイ］をクリックして選択し⓭、右側に表示される［パターンオーバーレイ］の設定を次のようにします⓮。設定できたら［OK］ボタンをクリックして元のカンバスに戻ります。

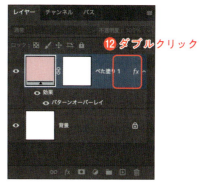

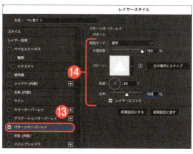

```
描画モード .......... 通常
不透明度 .............. 100%
パターン .............. STEP3で登録した三角形を選択
角度 ...................... 45°
比率 ...................... 100%
```

memo
［レイヤースタイル］へのアクセス方法はP.308も参考にしてください。

 塗りつぶしレイヤーにノイズをかける

［レイヤー］パネルで［べた塗り1］レイヤーを選びます。［フィルター］メニュー→［スマートフィルター用に変換］を選んでスマートオブジェクトに変換します⓯。続いて、［フィルター］メニュー→［ノイズ］→［ノイズを加える］を選択します⓰。数値は次のようにします⓱。設定できたら［OK］ボタンをクリックします。ピンクの背景にパターンとノイズが加えられました。

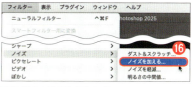

```
量 ........................................... 10%
分布方法 .............................. 均等に分布
グレースケールノイズ ..................... チェック有
```

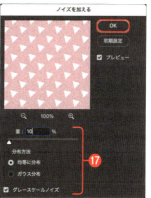

STEP 8 バナナを配置する

［ファイル］メニュー→［埋め込みを配置］を選択し、
「16-3material-2.psd」（切り抜き済みのバナナのデータ）
を配置します⑱。バウンディングボックスを使用して拡
大・縮小や移動を行い、[return]（[Enter]）で位置を決定し
ます⑲。

STEP 9 配置したバナナを加工する

［フィルター］メニュー→［ピクセレート］→［カラー
ハーフトーン］を選択し⑳、数値は次のようにして［OK］
ボタンをクリックします㉑。
［レイヤー］パネルの描画モードを［通常］から［スク
リーン］に変更します㉒。

最大半径...14pixel
ハーフトーンスクリーンの角度.....すべて 45

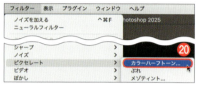
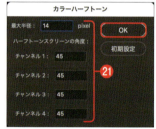

STEP 10 人物を配置する

［ファイル］メニュー→［埋め込みを配置］を選択し、
「16-3material-1.psd」（切り抜き済みの人物のデータ）を
配置します。バウンディングボックスを使用して拡大・
縮小や移動を行い、[return]（[Enter]）で位置を決定します
㉓。

STEP 11 人物だけをセピア調にする

［レイヤー］パネルで「16-3material-1.psd」を選び、［色調補正］パネル→［白黒］を選びます❷❹。
［プロパティ］パネルの［着色］にチェックを入れ❷❺、右にある［カラーピッカー］をクリックして表示し、クリーム色を設定します❷❻。そのほかのスライダーの値は自由に設定して構いません。

参考カラー
（黄）..................... R：250　G：220　B：140

［レイヤー］パネルで［白黒］の調整レイヤーを選択します。
右上の［パネルメニュー］をクリックして、［クリッピングマスクを作成］を選択し、人物だけに効果が及ぶようにします❷❼。

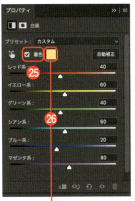

STEP 12　[白黒]の色調補正レイヤーのマスクの一部を修正する

[白黒]の調整レイヤーのマスク（白いサムネール）をクリックして選択します㉘。

[ブラシ]ツールを選択し、「描画色」を黒にします㉙。そのままカンバス上にある女性の唇をなぞると、なぞった部分のマスクが変化し、元の唇の色が表示されます。同じように、瞳についてもマスクを黒く塗って元の色を出します㉚。

STEP 13　文字を入力する

Webブラウザを立ち上げてAdobe Fontsのサイトへアクセスし、「Active」のフォントをアクティベートしておきます㉛。

[横書き文字]ツール を選択して「CUTE」と入力し、[文字]パネルか[プロパティ]パネルで次のように指定します㉜。

> フォント.....................Active
> フォントサイズ.........50pt
> カラー（白）..............R：255　G：255　B：255

同じように、「&」と「POP」も入力します㉝㉞。「&」は青色（以下の数値を参照）にします。

> カラー（青）..............R：146　G：180　B：191

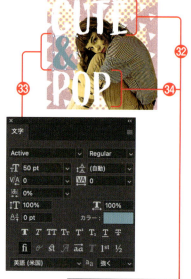

memo

・フォント：Active
（https://fonts.adobe.com/fonts/active）

STEP 14　文字に影をかける

[CUTE]レイヤーの右側をダブルクリックするなどして、[レイヤースタイル]ダイアログを表示します㉟。左側の[スタイル]→「ドロップシャドウ」をクリックして選択し、右側に表示される[ドロップシャドウ]の設定を次のようにします㊱。白文字に青い影をつけられました。

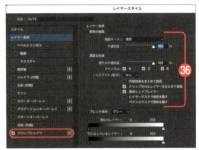

> 描画モード................通常
> カラー（青）..............R：146　G：180　B：191
> 角度............................120°
> 距離............................12px
> スプレッド................0
> サイズ........................0

STEP 15　文字の[レイヤースタイル]を複製する

[CUTE]レイヤーを選んで右クリック→[レイヤースタイルをコピー]を選びます㊲。
[POP]レイヤーを選択して、右クリック→[レイヤースタイルをペースト]を選びます㊳。STEP14で作成した効果がペーストできました。

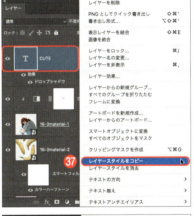

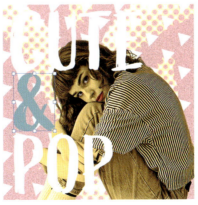

STEP 16　文字をレイアウトする

[移動] ツールを選択します。上部オプションバーの [バウンディングボックスを表示] にチェックが入っていることを確認します㊴。カンバス上で文字をクリックしてバウンディングボックスを表示して、ボックスの角にマウスカーソルをあててドラッグして角度をつけます㊵。ドラッグ操作でレイヤーの順序を入れ替えて、「CUTE」「&」が人物の背面、「POP」が人物の前面に来るように配置します㊶。

最後にバナナの位置や大きさを整えて完成です。

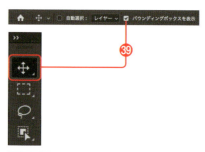

Chapter

17

Illustrator × Photoshopで
デザインを作ろう

IllustratorとPhotoshopのそれぞれの得意分野を組み合わせると、
より自由度の高いデザインが実現できます。
「バナー広告」と「ダイレクトメールのビジュアル」の
2つの制作例を通して、IllustratorとPhotoshopを行き来しながら
作品を仕上げる流れを紹介します。

練習用データ >> 17 - 01

Chapter 17　実習

Lesson 01　Photoshopメインでバナー広告を作ろう

バナー広告やSNSで使用する画像など、最終的にピクセルで表示するためのデザインはPhotoshopで作成します。Illustratorと連携して、ロゴなども配置していきましょう。

このレッスンでやること
- ☐ Photoshopで写真や文字をレイアウトしてバナーを作る
- ☐ Illustratorで作成したロゴや手書き風の文字データを配置する

STEP 0　完成を確認する

3つの画像を合成して、旅行や観光をイメージさせるバナー画像を作成しましょう。

- ・Photoshopをベースにする
- ・幅500pixel × 高さ800pixel の縦型のバナーを作成する
- ・Illustratorで作成したロゴとベクター化した手書き文字を配置する
- ・配置した手書き文字を［レイヤースタイル］を使って目立たせる

素材

完成

図1 17-1material-1.jpg、17-1material-2.jpg、17-1material-3.ai　　図2 17-1-finish.psd

STEP 1 Photoshopで新規ドキュメントを作成する

Photoshopで［ファイル］メニュー→［新規］を選択し、［新規ドキュメント］ダイアログで［Web］のプリセットを選択します❶。右側の［プリセットの詳細］の［幅］を「500ピクセル」、［高さ］を「800ピクセル」に設定して［作成］を押します❷。縦長のカンバスが作成されました。

> **memo**
> ［Web］を選ぶと［アートボード］にチェックが入った状態が基本になりますが、チェックの有無はどちらでも構いません。この［アートボード］にチェックが入っていると、複数のカンバスをひとつのPSDデータで作成・管理できるようになり、［レイヤー］パネルの表示も若干変わります。

STEP 2 メインの写真を配置する

［ファイル］メニュー→［埋め込みを配置］で、「17-1material-1.jpg」（二人の女性の写真）をSTEP1で作成したカンバスに配置します❸。バウンディングボックスを使用して shift を押しながら大きさを整えてカンバスに対して隙間のない大きさにしたら return （ Enter ）で決定します❹。

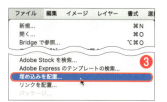

STEP 3 サブの写真を配置する

［ファイル］メニュー→［埋め込みを配置］で、「17-1material-2.jpg」（海鮮丼の写真）をSTEP1で作成したカンバスに配置します。バウンディングボックスを使用して shift を押しながら小さくし、 return （ Enter ）で決定します❺。

STEP 4 [フレーム] ツールで写真を切り抜く

[レイヤー] パネルで海鮮丼のレイヤーを選びます。[フレーム] ツール ⊠ を選びます❻。上部のオプションで丸の形状のアイコンの [マウスを使用して新しい楕円フレームを作成] を選んで、海鮮丼の写真の上でドラッグします❼。丸い形状に写真が切り抜かれました。

STEP 5 フレームに白いフチをつける

丸く切り抜いた海鮮丼の写真のレイヤーを選びます❽。[プロパティ] パネルの [線] の項目から、以下の数値を参考に線のカラーや太さなどを選びます❾。

▶
カラー（白）...............R：255　G：255　B：255
太さ 4px
整列タイプ ....外側

> **memo**
> 白いフチを入れることで、メインの写真との区別がしやすくなります。

STEP 6 文字を入力する

[縦書き文字] ツール T を選択します❿。「大人女子旅、はじめました」と入力し、return（Enter）で改行して2行にします⓫。[文字] パネルと [段落] パネルで以下を設定します⓬。

▶
・[文字] パネル
フォント ....DNP 秀英角ゴシック銀 Std
フォントスタイル ....M（ミディアム）
サイズ 50pt
行揃え 65pt
トラッキング.............60
カラー（白）............... R：255　G：255　B：255

・[段落] パネル
行揃え ....上揃え

> **memo**
> ・フォント：DNP 秀英角ゴシック銀 Std
> （https://fonts.adobe.com/fonts/dnp-shuei-gothic-gin-std）

STEP 7　文字の背景用に四角形を描く

［長方形］ツール ▭ を選択します❸。上部のオプションバーで「線」と「塗り」を設定します❹（以下の数値を参考）。カンバス上でドラッグ操作をおこない、1行分の細い長方形を作成します。

長方形のシェイプレイヤーを選んでから、［レイヤー］メニュー→［新規］→［コピーしてレイヤーを作成］を選びます❺。シェイプレイヤーが2枚になりました。

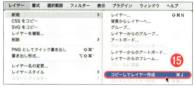

```
塗り ........................... R：74　G：140　B：80
線 ................................ なし
```

> **memo**
> レイヤーの複製は ⌘（Ctrl）+ J のショートカットを覚えると便利です。

STEP 8　描いた長方形の位置や重ね順を調整する

［移動］ツール ✥ を選びます❻。複製したシェイプをカンバス上でクリックして、shift を押しながら左へドラッグして移動して文字に重ね、方向キーを使って位置を整えます。さらに shift を押しながら上下にドラッグして高さを調整します。

［レイヤー］パネルで2つのシェイプレイヤーを文字のレイヤーの下へドラッグします❼。

shift を押しながら、［レイヤー］パネルで文字と2つのシェイプレイヤーを選び、［レイヤー］パネル上の鎖のマークをクリックして「リンク」関係にします❽。

> **memo**
> 3枚のレイヤーをリンク関係にしておくと、ドラッグ操作などで位置を微調整するのに便利です。

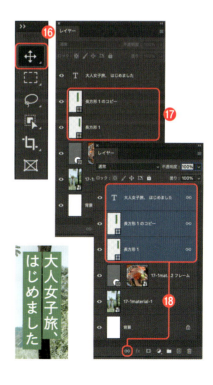

STEP 9　Illustratorからロゴや文字をコピーする

Illustratorを立ち上げます。練習データの「17-1material-3.ai」を開きます。
企業ロゴと手書き文字のデータが入っています。企業ロゴを ⌘（Ctrl）+ C でコピーします⓳。

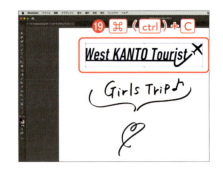

MINI COLUMN　自分の手書き文字をパスにするには

手書き文字をスキャニングした上でIllustratorへスキャンデータを「配置」して、［ウィンドウ］メニュー→［画像トレース］を選んで、［画像トレース］パネルの［トレース］ボタンをクリックすると、手書き文字がベクターに変換されます（P.162）。［拡張］でパス化した後、右クリックしてグループを解除し、要素を分解し整形すると練習データに近い状態になります。

図3　Illustratorの［画像トレース］パネル

STEP 10　Photoshopへロゴをペーストする

Photoshopと作業中のデータを再度開きます。⌘（Ctrl）+ V を押します。［ペースト］ダイアログが出るので、［スマートオブジェクト］を選んで［OK］ボタンをクリックします⓴。バウンディングボックスで、位置や大きさを整えて return（Enter）で決定します。
線画の文字とハートのイラストもコピー＆ペーストしてレイアウトします㉑。
3枚のレイヤーに名前を付けておきます。

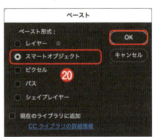

STEP 11 ロゴの色をIllustrator上で指定し直す

[レイヤー]パネルのロゴのサムネールをダブルクリックします㉒。自動的にIllustratorが開くので、「塗り」の色を「白」に設定し㉓、ファイルを[保存]して閉じます（Illustratorを一緒に閉じても構いません）。
ファイルを閉じると、修正内容がPhotoshop側のオブジェクトにも反映されます㉔。

```
カラー（白）...............R：255  G：255  B：255
```

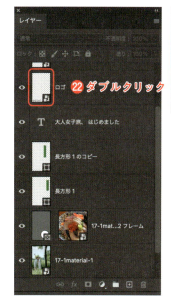

> **memo**
> 元のデータ「17-1material-3.ai」には影響しません。手書き文字の形なども同じように変更できます。

STEP 12 手書き文字に[レイヤースタイル]を適用する

「GirlsTrip」のレイヤーを選択し、バウンディングボックスを操作して向きを変更します㉕。
「GirlsTrip」のレイヤーの右端をダブルクリックして[レイヤースタイル]ダイアログを表示します㉖。
[ドロップシャドウ]を選択し、各項目を次のように設定し[OK]ボタンをクリックします㉗。

```
描画モード ...............乗算
カラー（緑）...............R：74  G：140  B：80
不透明度 ....................100%
角度 ...........................90°
距離 ...........................0
スプレッド ................20%
サイズ ........................20px
```

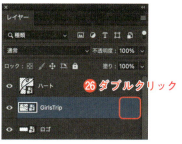
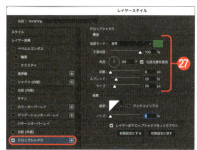

STEP 13　手書き文字の［塗り］を「0%」にする

「GirlsTrip」のレイヤーを選択したまま、［レイヤー］パネルの［塗り］のスライダーを「0%」にします❷❽。

> **memo**
> 上にある［不透明度］のスライダーでないことに注意しましょう。ふたつの違いはP.272で解説しています。

STEP 14　レイヤースタイルを複製して塗りの色を加える

「GirlsTrip」のレイヤーを選択して右クリックし、［レイヤースタイルをコピー］を選択します❷❾。「ハート」のレイヤーを選択して右クリックし、［レイヤースタイルをペースト］をクリックします❸⓿。
「ハート」のレイヤーの右端をダブルクリックして［レイヤースタイル］ダイアログを開き、［カラーオーバーレイ］をクリックして白の色を指定します❸❶。

▼ カラー
（白）............................R：255　G：255　B：255

> **memo**
> 拡大・縮小や変形が必要でバウンディングボックスが表示されないときや再表示させたいときは、［編集］→［自由変形］を選びます。

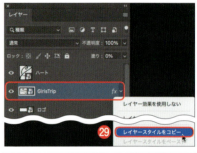

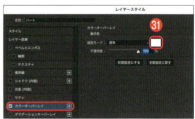

340　Lesson 01　Photoshopメインでバナー広告を作ろう

| Chapter 17　実習 |　練習用データ >> 17-02 |

Lesson 02　Illustratorメインで ダイレクトメールのビジュアルを作ろう

印刷を前提にしたデザインの場合、Illustratorでレイアウトを仕上げることで、文字やベクターの要素をきれいに印刷できます。こうしたデザインに写真を使用する場合は、Photoshopで修正・加工したデータをIllustrator上に「配置」してレイアウトします。

このレッスンでやること
- □ Photoshopで切り抜いた写真をIllustratorに配置する
- □ キャッチーなタイトルをデザインする
- □ 目を引くアイコンや背景をベクターで作成する

STEP 0　完成を確認する

Illustratorでデザインを作成し、Photoshopで編集した画像を合成してダイレクトメールのデザインを作成しましょう。

- Illustratorでレイアウトする
- アートボードのサイズは 幅100mm × 高さ150mm、[カラーモード] はCMYKで作成する
- 画像の切り抜きや加工はPhotoshopでおこなう
- 女性向けのデザインを作成する

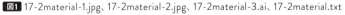

図1　17-2material-1.jpg、17-2material-2.jpg、17-2material-3.ai、17-2material.txt　　図2　17-2-finish.ai

STEP 1　Illustratorで新規ドキュメントを作成する

Illustratorで［ファイル］メニュー→［新規］を選択し、［新規ドキュメント］ダイアログで［印刷］のプリセットを選択します。右側の［プリセットの詳細］から［幅］を「100mm」、［高さ］を「150mm」、［断ち落とし］を各「3mm」に設定し、［作成］を選択します。縦長のアートボードが作成されました。

STEP 2 大まかなレイアウトを検討する

[長方形]ツール ■ や[楕円形]ツール ◯ を使って、必要な要素を大まかに配置していきます❷。仮の要素なので、色はグレーなどで問題ありません。[変形]パネルか[プロパティ]パネルの[W]（幅）や[H]（高さ）から、必要な大きさを確認します❸。

> **memo**
> 実際に0からデザインを考える場合は、紙に描きながらレイアウトを考えてからPCでそれを再現するのがおすすめです。今回は写真を2点使用するので、写真の寸法を確認するためにこの作業をおこなっています。オブジェクトの数値はあくまで目安ですが、別途メモをとっておくとスムーズです。

STEP 3 Photoshopで画像を開く

Photoshopを立ち上げます。練習データの「17-2material-1.jpg」（女の子のイメージ）と「17-2material-2.jpg」（コスメのイメージ）を開きます❹。

> **memo**
> この段階で必要に応じて[削除]ツールや[スポット修復]ツールなどで画像のゴミを消したり、明るさや色味などの色調補正をおこなったりします。

STEP 4 女の子の画像を切り抜く

「17-2material-1.jpg」（女の子のイメージ）のタブ（上部のファイル名部分）をクリックして表示し、編集可能な状態にします❺。
[選択範囲]メニュー→[選択とマスク]を選んで[選択とマスク]の画面に切り替えたら[被写体を選択]と[髪の毛を調整]をクリックします❻。拡大して選択残しがないことを確認したら、右の[属性]パネルの下部の[出力先]で[レイヤーマスク]を選択して、背景をレイヤーマスクで非表示にします❼。

STEP 5　2枚の画像の寸法を変更する

「17-2material-1.jpg」（女の子のイメージ）の画像の寸法を調整します。

［イメージ］メニュー→［画像解像度］を選びます❽。
［画像解像度］のダイアログで、はじめに［再サンプル］にチェックを入れます（［解像度］は「350ppi」のままにしておきます）。次に単位を「mm」にし、STEP2で測った数値よりも少し大きめの幅を設定します❾。
「17-2material-2.jpg」（コスメのイメージ）も同様に［画像解像度］で寸法を調整します❿。

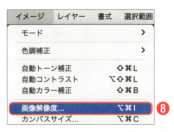
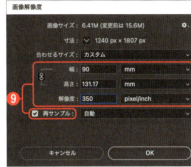
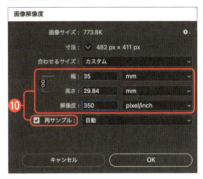

> 寸法の目安..................
> 「17-2material-1.jpg」（女の子のイメージ）：
> 幅90mm程度
> 「17-2material-2.jpg」（コスメのイメージ）：
> 幅35mm程度

memo
STEP2と同じサイズ（実際に使用するサイズと同じ寸法）に設定するのが理想ではありますが、レイアウト時にサイズを微調整することを前提に、使用予定の大きさよりも少し大きめにしておきます。

STEP 6　女の子の画像に白いフチを付ける

［レイヤー］パネルで［17-2material-1.jpg］レイヤーの右端をダブルクリックするなどして［レイヤースタイル］ダイアログを表示します。［境界線］を選び、次の項目を設定し、［OK］ボタンをクリックします⓫。

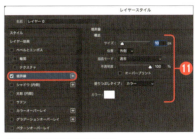

> サイズ........................10
> 位置............................外側
> 描画モード.................通常
> 不透明度....................100%
> カラー（白）..............R：255　G：255　B：255

memo
マスクの境界に沿って白いフチが付くので、フチの線の粗さが気になる場合は、［選択とマスク］の画面で［ブラシ］ツールを使用してマスクを調整すると線が整います。

STEP 7　2枚の画像のカラーモードを変更して保存する

［編集］メニュー→［プロファイル変換］を選択します⓬。［プロファイル変換］ダイアログが開いたら［変換後のカラースペース］で［作業用CMYK-Japan Color 2001 Coated］が選ばれていることを確認して［OK］ボタンをクリックします⓭。この作業を2枚の画像におこない、それぞれ［ファイル］メニュー→［別名で保存］でPSDデータとして保存してデータを閉じます⓮。

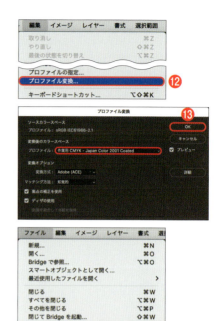

STEP 8　Illustratorで背景とロゴを配置する

Illustratorに戻ります。サイズの参考のために配置していたSTEP2のオブジェクトは削除します⓯。
［長方形］ツールでアートボード上をクリックし、［長方形］ダイアログに大きさ＋裁ち落とし分（3mm×2）の［幅］と［高さ］の数値を入力して長方形を作成します⓰。また以下の数値を参考に「塗り」と「線」を設定します⓱。［選択］ツール を選び、アートボードの赤い線の左上に長方形の左上が合うように調整して配置します⓲。

長方形：
幅 106mm
高さ 156mm
塗り .... C：0%　M：30%　Y：10%　K：0%
線 .... なし

「17-2material-3.ai」を開き、ロゴをコピーします。作業中のデータに戻ってペーストし、右上に配置します⓳。

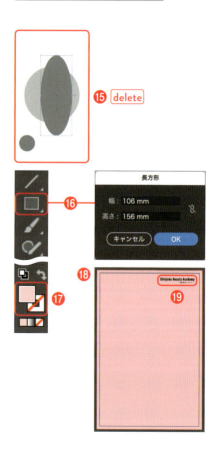

STEP 9 レイヤーを用意する

[レイヤー] パネルの下部の [新規レイヤーを作成] ボタンをクリックしてレイヤーを作成します。[レイヤー1] などのレイヤー名をダブルクリックして、「背景」「写真と写真ベース」「飾り」「文字」と名前を付けます。合計4枚のレイヤーを作成します⑳。[背景] レイヤーを選んで鍵のアイコンをクリックし、レイヤーをロックします㉑。

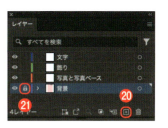

memo

アートボードで選択中のオブジェクトは、[レイヤー] パネルの右側に「選択中のアート」として四角形のアイコンが表示されます。このアイコンをドラッグするとレイヤーを移動できます。
たとえば、この 図3 の場合、右側のサーモンピンクのアイコンを下のレイヤーへドラッグするとレイヤーの階層を「背景」レイヤーに変更できます。

図3 選択中のオブジェクトの表示

STEP 10 メインビジュアルの写真を配置する

[レイヤー] パネルで [写真と写真ベース] レイヤーを選びます㉒。[ファイル] メニュー→ [配置] を選び㉓、STEP3〜7で作成した女の子の写真（メインビジュアル）のPSDデータを選択します㉔。[配置] ボタンを押すとアートボード上に小さい画像が表示されるので、クリックして配置をおこないます㉕。 shift を押しながらバウンディングボックスの角をドラッグして比率を保ちながらサイズを整えたら、 shift から手を離してドラッグで角度をつけます㉖。

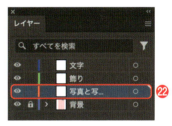

memo

画像の配置には「リンク」と「埋め込み」があります。ここでは「リンク」で配置をおこなっています。違いや注意点についてはChapter18で解説しますが、レイアウト上の見た目は変わらないので、ここではどちらを選んでも構いません。

㉕ クリック

㉖ ドラッグ

STEP 11　[スター] ツールでメインビジュアルの背面用の装飾を作る

[写真と写真ベース] レイヤーを選びます㉗。[スター] ツール ☆ でアートボード上をクリックします㉘。[スター] ダイアログに、次のように入力し、「塗り」と「線」を指定します㉙。

> 第1半径.......... 35mm
> 第2半径......... 40mm
> 点の数 12
> 塗り .... C：0%　M：10%　Y：30%　K：0%
> 線 .... なし

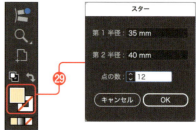

STEP 12　図形の角を丸くして重ね順を変更する

[効果] メニュー→ [スタイライズ] → [角を丸くする] を選択し、「7mm」と入力します㉚。

右クリック→ [重ね順] → [背面へ] を選び、作成した飾りをメインビジュアルの背面に配置します㉛。

STEP 13　[ペン]ツールで背面用の装飾を作る

[ペン]ツール ✒ で曲線による三角形状の形を 2~3 パターン描きます㉜。それを複製・変形したら、以下を参考に色を付けて組み合わせ、最背面に移動します㉝。

カラー
（ピンク）........C：0%　M：70%　Y：10%　K：0%
（紫）...............C：28%　M：56%　Y：0%　K：0%
（緑）...............C：80%　M：10%　Y：45%　K：0%
（白）...............C：0%　M：0%　Y：0%　K：0%

STEP 14　キャッチコピーを円形に配置する

[楕円形]ツールで大きく shift ＋ドラッグし、背面用の飾りの内側に円を描きます㉞。
文字「新しい自分に出会えそう！」をテキストファイル（「17-2material.txt」）からコピーし、[パス上文字]ツール ✒ を選びます㉟。ツールを選んだ状態で楕円のパスをクリックすると文字を入力できるので、コピーした文字をペーストします。
ドラッグ操作か ⌘（Ctrl）＋ A でパス上のすべての文字を選択し、以下を参考にフォントや色を設定します㊱。楕円のバウンディングボックスを選択して回転させると文字も一緒に回るので、全体的な位置の調整ができます。
[写真と写真ベース]レイヤーにこれらのオブジェクトを作成したらレイヤーをロックします㊲。

フォント........ADSマンボ
サイズ............12
トラッキング....-100
塗り ....C：30%　M：55%　Y：0%　K：0%

memo

・フォント：ADSマンボ
（https://fonts.adobe.com/fonts/ads-mambo）

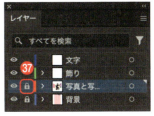

STEP 15 メインビジュアル用の装飾を準備する

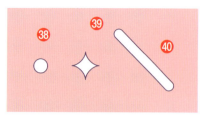

［レイヤー］パネルの［飾り］レイヤーを選んでから、［楕円形］ツールと［長方形］ツールを使い、(1) 小さい丸 (2) 小さい正方形 (3) 細身の長方形 の3種類を描きます。

(1) の丸はそのまま使用します❸。

(2) の正方形は［効果］メニュー→［パスの変形］→［パンク・膨張］を選び、［パンク・膨張］ダイアログで「-30%」と入力してキラキラの形状を作成し、バウンディングボックスの角を左右にドラッグして傾けます❸。

(3) の長方形はライブコーナー（選択すると表示される二重丸のアイコン）を内側へドラッグして角丸長方形にします❹。

それぞれのオブジェクトに「塗り」、「線」、線の太さを設定します❹。

```
塗り ............... C：0%    M：0%    Y：0%    K：0%
線 .................. C：55%   M：80%   Y：20%   K：0%
線の太さ ........ 0.5pt
```

3つのオブジェクトが完成したら、これらをいくつか複製してレイアウトします❹。

STEP 16　タイトルの文字を入力する

[レイヤー] パネルで、[文字] レイヤーを選んで [文字] ツールを選択します。まず、「Open」と入力し、バウンディングボックスを操作して、文字を斜めに配置します❹❸。次に「Open」とは別のオブジェクトとして「Campus」と入力します❹❹。以下に従って、両方のテキストのフォント、フォントサイズ、色を設定します❹❺。

```
フォント ........ Funkydori
スタイル ........ Regular
サイズ ............ 75pt
カラー
（紫） ................ C：15%   M：45%   Y：0%    K：0%
（ピンク①） .... C：0%    M：70%   Y：10%   K：0%
（ピンク②） .... C：0%    M：40%   Y：0%    K：0%
（白） ................ C：0%    M：0%    Y：0%    K：0%
```

memo

・フォント：Funkydori
（https://fonts.adobe.com/fonts/funkydori）

memo

文字の色は、ドラッグ操作で一文字を選択した上で、スウォッチに登録した色を適用するか、四角形など別のオブジェクトに設定した色を [スポイト] ツールでクリックすると、素早く正確に文字の色を変えられます。

STEP 17　日時を入力する

同じフォントを使用して、日付と時間を入力して、以下の設定をおこない、タイトルの上の空いている場所へレイアウトします❹❻。

```
サイズ ............ 19pt
カラー
（白） ................ C：0%    M：0%    Y：0%    K：0%
```

STEP 18 タイトルの文字を装飾する

「Open」「Campus」のオブジェクトを選択します。[ウィンドウ]メニュー→[アピアランス]を選びます㊼。
[アピアランス]パネルの下部の[新規線を追加]をクリックします㊽。
追加した[線]を[文字]の背面へドラッグします。
[線]を選んで、線の色と、太さを設定します㊾。
[線]と書かれた部分をクリックすると線の詳細設定のパネルが開くので、[線端]は[丸端線端]を設定し、[破線]にチェックを入れて[線分]と[間隔]に数値を入力します㊿。

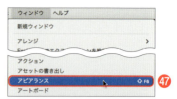

▶ 線のカラー
（ピンク）........C：8%　M：75%　Y：0%　K：0%
太さ 3pt
線端 ....丸端線端
破線 ....線分18pt、間隔4pt

> **memo**
> [アピアランス]パネルでの色の設定は[線のカラー]をクリックし、[パレット（カラー）]のアイコンをクリック、右側のメニューをクリックして[CMYK]を選択してCMYKでの数値入力を行います。

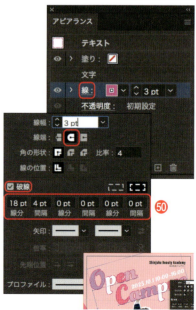

STEP 19 イベント告知用に画像をクリッピングマスクする

下部の告知スペースを作成します。

［ファイル］メニュー→［配置］でコスメのPSDデータ（「17-2material-2.psd」）を選択します。［配置］ボタンを押すとアートボード上に小さい画像が表示されるので、クリックして配置をおこないます。shiftを押しながらバウンディングボックスの角をドラッグしてサイズを整えます❺❶。

［楕円形］ツールを選択し、写真の上でshift＋ドラッグします❺❷。位置や大きさを整えたら、写真と円のオブジェクトを一緒に選択し、右クリックして［クリッピングマスクを作成］を選び、丸の形に写真をマスクします❺❸。

STEP 20 イベントのタイトルを入力する

テキストファイル「17-2material.txt」からイベントのタイトルをコピーします。

［レイヤー］パネルで［文字］レイヤーを選びます。［横書き文字］ツールを選択し❺❹、文字をペーストします。「ポイントテキスト」として文字を配置し、以下の設定をおこないます❺❺。

```
フォント ........ Noto Sans CJK JP
スタイル ........ Bold
サイズ ............ 8pt
トラッキング .... 60
塗り ................ C：8%　M：75%　Y：0%　K：0%
```

STEP 21 イベントの内容を入力する

同じテキストファイルからイベントの内容をコピーします。[横書き文字]ツールを選択し、ドラッグ操作してエリアを作成してから文字をペーストし、「エリア内テキスト」として文字を配置します。以下の設定をおこない、最後に細部を調整して完成です㊷。

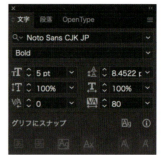

フォント........Noto Sans CJK JP
スタイル........Bold
サイズ............5pt
塗り................C：0%　M：0%　Y：0%　K：100%

MINI COLUMN　きっちりレイアウトを作るなら［ガイド］を活用しよう

　オブジェクト同士の配置をより厳密にした正確なレイアウトを作成する場合は、［ガイド］の利用が必要になります。［ガイド］は印刷やデータの書き出し時には表示されない機能です。［表示］メニューから［ロック／ロック解除］や［表示／非表示］を選択できます。

・ガイドの作成方法①［定規］から作成する
　はじめに［表示］メニュー→［定規］→［定規を表示］でドキュメントエリアの上と左に［定規］が表示されます。この定規の目盛りの中でダブルクリックするか、定規の上からアートボード上へドラッグ操作をすると、操作した位置の目盛りを基準にガイドが作成できます 図4。「ロック」されていないガイドはガイドをクリックで選択できるので、位置の変更や delete で削除ができます。

・ガイドの作成方法②［オブジェクト］から作成する
　長方形などのオブジェクトを作成して選択し、［表示］メニュー→［ガイド］→［ガイドを作成］を選ぶと、選択したオブジェクトの形状でガイドが作成されます。

・ガイドの作成方法③［オブジェクト］から余白用のガイドを作成する
　アートボードサイズの長方形のオブジェクトを作成し、アートボードの中央に配置してから、［オブジェクト］メニュー→［パス］→［パスのオフセット］を選びます。［パスのオフセット］ダイアログで「-5mm」にして［OK］ボタンをクリックします 図5。元の長方形から5mmずつ縮小された長方形が複製されます。この長方形を選択してガイドを作成することで、デザイン・レイアウトの際の余白の目安として活躍します。

図4 ［定規］と［ガイド］（青線部分）

図5 ［パスのオフセット］の設定

Chapter

18

用途に合わせて
データを書き出そう

最後のChapterは、「書き出し」を紹介します。
印刷・Web用など、用途に合わせて正しい形式にしておかないと、
せっかくの作品もうまく活かせません。
目的に合わせてデータを書き出す方法を学んでいきましょう。
これまでの自分のデータで、ぜひ実際に試してみてください。

Chapter 18 授業

「カラーモード」と「カラープロファイル」

デザイン制作では、印刷用ならCMYK、Webや動画用ならRGBといった色についての大きな区別がありますが、それだけではなく「Adobe RGB」「sRGB」といったカラープロファイルも重要です。ここではカラーモードとカラープロファイルの概念について簡単に紹介します。

カラーモードを確認・変換する

　IllustratorとPhotoshopのドキュメントにはカラーモードが設定されています。はじめにカラーモードの種類と確認方法、変換の方法を紹介します。

RGB

　赤（Red）、緑（Green）、青（Blue）の三原色を混ぜ合わせることで、さまざまな色を作り出します。加法混色とも呼ばれます。ディスプレイ表示向けで、色域が広く明るい表現が可能です。

CMYK

　シアン（C）、マゼンタ（M）、イエロー（Y）の3色を混ぜて色を表現する方式です。減法混色と呼ばれます。印刷の現場ではこれにブラック（K）を加えて4色のインキ（プロセスカラー）で色を表現します。

　ファイル名の右側にカラーモードの記載があります。

図1 カラーモードの記載

　人からデータを預かる場合は、預かったデータのカラーモードを確認する習慣をつけるとともに、用途に応じてカラーモードの変換をおこないます。それぞれ以下の設定項目から変換できます。

```
Illustrator：［ファイル］メニュー→［ドキュメントの
           カラーモード］→［CMYKカラー/RGBカ
           ラー］
Photoshop：［イメージ］メニュー→［モード］
           →［CMYKカラー/RGBカラー］
```

図2 Illustratorのカラーモード変換

　カラーモードを切り替えると、色が目に見えて変化することがあります。これはRGBのほうがたくさんの色を表現できる（色域が広い）ことが原因です。

図3 Photoshopのカラーモード変換

- RGBからCMYK：鮮やかな色はくすむことがある
- CMYKからRGB：色は大きく変化しないが、鮮やかになることもない。

　Illustratorの［カラー］パネルで、元がRGBでできているオブジェクトを選択すると、使えるインキの総量（TAC値）を超えた数値が表示されることがあります。こうしたデータをそのまま入稿すると、印刷時にインキや紙同士が貼り付いてしまうトラブルに繋がるので、印刷会社側からデータを差し戻されることもあります 図4 図5 。

　特に茶色や黒などの濃い色については［カラー］パネルの［CMYK］モードで色の数値をチェックして修正しましょう 図6 。

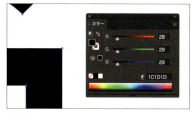
図4 RGBの元データ

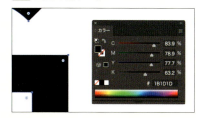
図5 CMYKに変換後（NG例）

図6 調整した例

memo

インキの総量を示すTAC値は印刷用紙や媒体によっても変わりますが、CMYKの合計320%〜350%程度が最大量の目安です。上記の例では実際のところ300%を少し超える位なので大きな問題にはなりませんが、調整した例では黒を多めにすることで締まった印象を出しつつ黄色を加えることで黒をより深くし、ロゴマークの色味を暗に意識させるように調整を加えています。このように、変換した後の処理や媒体に合わせて数値を改めて設定することも重要な仕事のひとつです。

カラープロファイルを知る

　同じカラーモードであっても、実はその発色はさまざまです。そこで、色の種別をさらに詳細に指定する「カラープロファイル」の設定が必要になります。「カラープロファイル」は、PSDやJPG、AIなどのファイル側、プリンタ、デジタルカメラやスキャナ、モニタなどのデバイス側、アプリ側で設定ができます。それぞれのカラープロファイルが同じだと、作業者の意図したものと近い発色が可能になります。

カラープロファイルの例

設定項目	説明
sRGB	Webの標準的プロファイル。Photoshopの［書き出し形式］で画像側にプロファイルを埋め込むことができるので、バナーなどは埋め込んでおくことが推奨される
Display P3	sRGBよりも色域が広いプロファイル。アップル製のモニタに採用されているので、多くのユーザが利用できる
Adobe RGB	デジタル一眼レフなどで使用されることが多く、特に緑系の色域が豊かなプロファイル
Japan Color 2001 Coated	日本の印刷向け標準プロファイル。Japan Color 2011 Coatedなどのプロファイルもあるが、指定がない場合や不明な場合はJapan Color 2001 Coatedに設定しておくのが無難

ドキュメントにカラープロファイルを埋め込む

ドキュメントにカラープロファイルを埋め込むには次の操作をおこないます。

Illustratorの場合

AIドキュメント全体に埋め込む場合は、［編集］→［プロファイルの指定］を選択します 図7 。

図7 Illustratorのカラープロファイルの埋め込み

Photoshopの場合

PSDドキュメント全体に埋め込む場合は、［編集］→［プロファイル変換］（カラーモードも変更する場合）もしくは［プロファイルの指定］を選択します 図8 。

図8 Photoshopのカラープロファイルの埋め込み

JPGなどの画像を書き出す際に埋め込む場合（sRGBのみ）

［編集］→［書き出し形式］→［カラープロファイルの埋め込み］を選択にチェックを入れます 図9 。

図9 画像を書き出す際にカラープロファイルを埋め込み

画像に埋め込んだカラープロファイルをPhotoshopで確認する

画像をPhotoshopで開きます。[ウィンドウ]メニュー→[情報]で[情報]パネルを表示します❶。パネルメニュー ≡ で[パネルオプション]を開きます❷。[ステータス情報]の[ドキュメントのプロファイル]にチェックを入れて閉じると、[情報]パネルにその画像のプロファイルが表示されます❸。

memo
画面下部左側にある矢印をクリックして[ドキュメントのプロファイル]を選択することでも、画像のプロファイルが表示されます。

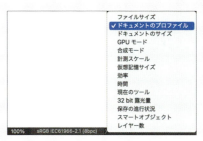

図10 画像のカラープロファイルの確認

意図しない色の変化を防ぐには

意図しない色の変化を防ぐには、カラーモードやカラープロファイルの設定以外にも次の要素が欠かせません。

・作業環境（モニターキャリブレーションと環境光）
・アプリ間でのカラープロファイルの統一
・相手先（印刷所やクライアント）のカラープロファイルの指定に合わせる

最終的な出力先によって、適切なカラーモードやカラープロファイル、ワークフローが選べると理想的です。

| 練習用データ >> 18 - 01

Chapter 18　実習

Lesson 01　Illustratorで印刷物を作る（1）プリンターで印刷する

Illustratorで制作したデザインを自宅やオフィスのプリンターで出力する基本的な手順を紹介します。

このレッスンでやること
☐ Illustratorデータをプリンターで印刷する方法を学ぶ

Illustratorで作成したドキュメントを家庭用プリンターで印刷するには、アートボードのサイズを正しく設定し、プリンターに対応した用紙サイズを確認しておくことがポイントです。

STEP 1　［プリント］ダイアログを開いて印刷する

あらかじめコンピューターにプリンターのドライバーをインストールしておきます。

印刷したいドキュメントが開いている状態で、［ファイル］メニュー→［プリント］を選択します❶。［プリント］のダイアログが開きます。使用するプリンターや用紙サイズ、倍率を指定して［プリント］をクリックします❷。

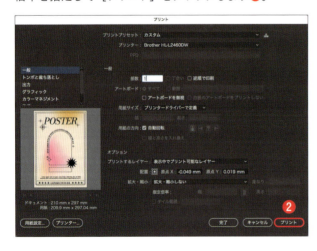

358　Lesson 01　Illustratorで印刷物を作る（1）プリンターで印刷する

A4のプリンターで大きい印刷物を作るには

A4までしか対応していないプリンターでB4やA3など、大きな印刷物を作成したい場合は、［ファイル］メニュー→［プリント］で用紙サイズを設定した後に、［用紙の方向：自動回転］のチェックを外して用紙の方向を変更します。左側のプレビュー画面をドラッグ操作して印刷エリアを指定して、手動で分割を行います。

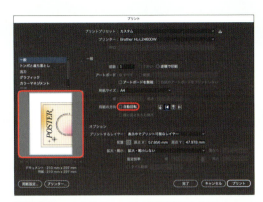

図1 ［プリント］ダイアログで印刷範囲を指定

もしくは［プリント］で用紙サイズと向きを指定した上で一旦［完了］し、［プリント分割］ツールを選択、アートボード上でドラッグして領域を指定する方法もあります。黒い点線がプリントの領域です。

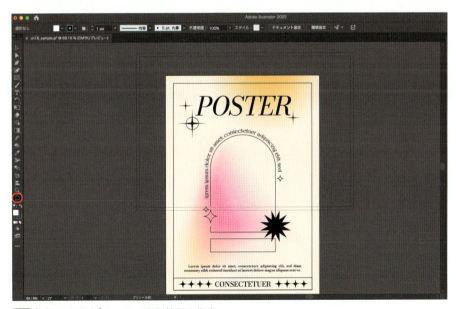

図2 ［プリント分割］ツールで印刷範囲を指定

［プリント分割］ツールはツールバー下部の［…］アイコンをクリックしてツールをすべて展開し、ツールパネルにドラッグしてから選択・操作します。

| Chapter 18　実習 | 練習用データ >> 18-02 |

Lesson 02　Illustratorで印刷物を作る（2）PDFを作成する

デザインデータをPDF（Portable Document Format）に変換すると、Illustratorを持っていない人ともデータを共有できて便利です。

このレッスンでやること
- □ IllustratorデータからPDFデータにする

 PDFと一言で言っても、高品質な印刷向け、軽量のスクリーン向けなど、種類や設定にバリエーションがあります。

STEP 1　［ファイル］メニュー→［別名で保存］を選択する

PDFにしたいドキュメントが開いている状態で、［ファイル］メニュー→［別名で保存］を選択します❶。拡張子のプルダウンで［Adobe PDF（.pdf）］を選択し、［保存］ボタンを押します❷。

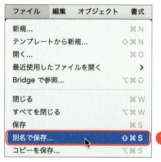

STEP 2　プリセットか規格を選ぶ

［Adobe PDFを保存］ダイアログが開きます。用途に合わせて［Adobe PDF プリセット］を選択します❸。印刷会社から規格の指定がある場合は［準拠する規格］を先に選択します（PDF/X-4：2008など）❹。特に用途が明確でない場合や、自分で設定項目を選ぶ場合は［Illustrator 初期設定］のままで問題ありません。

memo
［Adobe PDF プリセット］は、ダイアログの各項目を自動で選択してくれる設定なので、自分で設定するのであればプリセットを設定する必要はありませんが、たとえば、［最小ファイルサイズ］は、サイトでの配布など、容量を抑えたい場合におすすめです。

[トンボと断ち落とし] を確認する

[Adobe PDFを保存] ダイアログの [トンボと断ち落とし] を確認します。[トンボ] にチェックを入れると、作成したドキュメントにトンボ（トリムマーク）を付けたPDFを作成できます❺。こうしたトンボ付きのデータは次のLessonの印刷会社への入稿にも利用されています。必要に応じてチェックを付ける／外す判断を行います。

トンボ付きの印刷物を作成するときに必要な処理

トンボ付きの印刷物を作成する場合、新規ドキュメントの作成時に [裁ち落とし] の項目に各3mmを設定します。3mmの設定ができると、アートボードの外側には赤いガイド線が引かれるので、この赤いラインまで背景などのオブジェクトを配置してPDFに変換すると、正しいトンボ付きのPDFになります 図1。

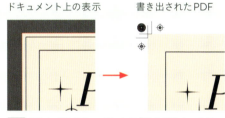

図1 正しい例：ドキュメントの「裁ち落とし」あり、「塗り足し」あり／PDFの「トンボ」あり

図2 は [裁ち落とし] の設定をせずにPDF上でトンボを付けた例、図3 は [裁ち落とし] の設定はあるものの、赤枠部分まで背景オブジェクトを伸ばさずにPDFでトンボを付けた例で、いずれもNGな例です。

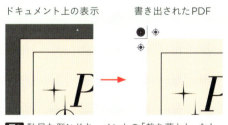

図2 駄目な例1：ドキュメントの「裁ち落とし」なし／PDFの「トンボ」あり

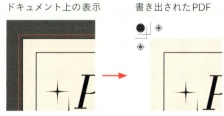

図3 駄目な例2：ドキュメントの「裁ち落とし」あり、「塗り足し」なし／PDFの「トンボ」あり

| Chapter 18　実習　　　　　　　　　　　　　　　　　　| 練習用データ >> 18-03 |

Lesson 03　Illustratorで印刷物を作る（3）印刷会社に入稿する

印刷会社にデータを渡す（入稿する）ときは、PDFやAIファイルなど、入稿の形式が指定されています。ここでは、入稿準備のポイントを簡単に紹介します。

このレッスンでやること
☐ 入稿するデータのポイントを学ぶ

印刷所への入稿は、サイズ・カラーモード・トンボ・フォント・画像のリンクなどチェック項目が多いので、入稿先の指定をしっかり読んで準備しましょう。

STEP 1　カラーモードはCMYKになっているかを確認する

カラーモードがCMYKになっているかを確認します❶。RGBの場合は、［ファイル］→［ドキュメントのカラーモード］で［CMYKカラー］に変更します。

STEP 2　裁ち落とし&塗り足しはきちんと付いているのかを確認する

ドキュメントサイズが仕上がりのサイズと同じ場合、ドキュメントに対して［裁ち落とし］を「3mm」に指定した上で、仕上がりサイズより外側に3mm背景オブジェクトを伸ばした「塗り足し」を付けるのが一般的です❷。自分でドキュメント内にトリムマークを作成する場合も同様に、背景用のオブジェクトのサイズを各3mm大きくして、「塗り足し」をきちんと付けましょう。

memo
［裁ち落とし］を設定しているのに赤い線が表示されない場合は、［表示］→［ガイド］→［ガイドを表示］を選択してください。

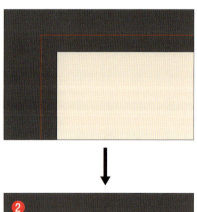

STEP 3 入稿のファイル形式を確認する

印刷会社や印刷物によって「PDF入稿」なのか「AI（CS何バージョンまで）」、「EPS」など指定が異なります。Illustratorのバージョンが指定されている場合は、［ファイル］メニュー→［別名で保存］を選択して、［Illustratorオプション］でバージョンを落とします❸。PDF入稿の場合は、PDFのバージョンを確認します。

> **memo**
> 以降のSTEP4と5は、IllustratorのネイティブファイルのAI形式で入稿する場合の注意点です。PDF入稿の場合は画像やフォントが埋め込まれるので、これらを気にする必要はありませんが、PDFのバージョンの指定があることが多いので、PDFをそのバージョンに合わせて保存します（Lesson02参照）。

STEP 4 AIファイル編①　画像の埋め込みorリンクを確認する

画像を「リンク」形式にしている場合、リンク元の画像ファイルとAIデータを印刷所に送る必要があります。ファイルの同梱忘れを防ぐためには、画像を「埋め込み」にするか❹、［ファイル］メニュー→［パッケージ］を利用します❺。［パッケージ］はリンク画像付きのAIデータを複製してひとつのフォルダにまとめる機能です。

STEP 5 AIファイル編②　文字がアウトライン化されているかを確認する

印刷会社側が同じフォントを持っていない場合、文字が崩れる可能性があるので、AIファイルで入稿する場合は、［書式］メニュー→［アウトラインを作成］でフォントをアウトライン化します。

保存や入稿にあたっては、［ファイル］メニュー→［別名で保存］を使用してアウトライン前・後のデータを2つ作成して、アウトライン後のデータを入稿データとします❻❼。

363

| 練習用データ >> 18-04

Chapter 18　実習

Lesson 04　IllustratorでWeb用の画像を作る (1) 基本の設定

WebサイトやSNSで使うバナーやアイコンをIllustratorで作成する際の基本設定について紹介します。[ピクセルプレビュー]やカラーモードを意識して設定しましょう。

このレッスンでやること
- □ IllustratorでWeb用の画像を作るための基本を学ぶ

Illustratorはベクターデータを扱いますが、Webで使う画像は最終的にピクセル画像（PNGやJPGなど）に書き出すこともあります。[Web] プリセットで新規ドキュメントを作るのがポイントです。

STEP 1　[新規ドキュメント] のプリセットを [Web] にする

[ファイル] メニュー→[新規] で [新規ドキュメント] ダイアログを開きます❶。[Web] を選び、ピクセル単位のアートボードを設定します❷。アートボードのサイズは実際に使用するサイズを設定します❸。

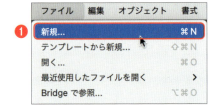

STEP 2 [ピクセルプレビュー] を使う

Illustratorは通常ベクターベースの表示ですが、バナーなどはピクセルベースです。

そこで、[表示] メニュー→ [ピクセルプレビュー] をオンにします❹。[ピクセルプレビュー] では、ピクセルで表示した状態をシミュレートできます❺。拡大時にオブジェクトがピクセルの格子に沿う様子を確認できるので、細かいズレの修正に便利です。

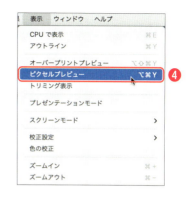

ピクセルプレビューあり / ピクセルプレビューなし

STEP 3 [スナップ] を活用する

[表示] メニュー→ [グリッドにスナップ] ❻や [プロパティ] パネルの [クイック操作] → [ピクセルグリッドに整合] ❼を活用して、端がピタッと合うよう調整するとシャープな仕上がりになります。

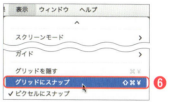

STEP 4 [変形] パネルで小数点が入っていないかを確認する

座標やサイズに小数点があると、ベクターのオブジェクトがピクセルの格子をまたいでしまうため、ピクセルに書き出したときに画像がブレているように感じることがあります❽。たとえば罫線など、キッチリと表示させたい線などは [変形] パネルの [X] や [Y]、[W] や [H] の数値を確認し、小数点があれば修正を行います❾。

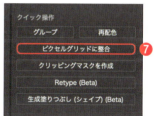
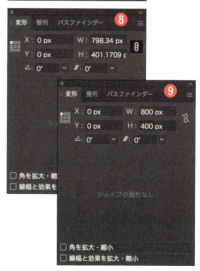

| 練習用データ >> 18-05 |

Chapter 18　実習

Lesson 05　IllustratorでWeb用の画像を作る（2）PNGやJPGで書き出す

WebやSNSで扱いやすいのがPNGやJPG形式です。Illustratorのアートワークを
PNGやJPGとして書き出す流れを確認します。

このレッスンでやること

☐ PNGやJPGデータで書き出す

PNGとJPGはWeb画像でよく使う2大形式です。透明を活かしたい
ならPNG、写真を小さい容量にしたいならJPGなど、特徴を活かして
選びましょう。

STEP 1　［ファイル］→［スクリーン用に書き出し］を選択する

［ファイル］メニュー→［書き出し］→［スクリーン用に書き出し］を選択します❶。［スクリーン用に書き出し］ダイアログが表示されます。

STEP 2　ファイル形式を指定する

ファイル形式（拡張子）を指定します❷。使用する頻度の多いファイルはJPGとPNG、SVGです。SVGについては次のLessonで紹介します。

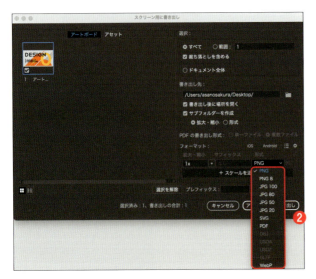

366　Lesson 05　IllustratorでWeb用の画像を作る（2）PNGやJPGで書き出す

STEP 3 ファイル形式の詳細を設定する

歯車のアイコン をクリックします❸。書き出しファイルの［形式の設定］ダイアログが開きます。各拡張子について細かい設定ができます❹。

STEP 4 倍率を設定する

高解像度ディスプレイ向けに倍のピクセル数で画像を書き出す必要があるときは、［拡大・縮小］の倍率を指定します❺。［スケールを追加］ボタンをクリックすると項目が増え、等倍（1倍）と、2倍や3倍など、ひとつのアートボードで複数の画像サイズを書き出すこともできます❻。

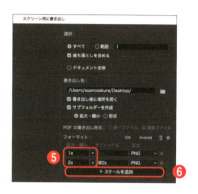

STEP 5 アートボード／アセットを切り替える

事前に［アセットの書き出し］パネルを開いてオブジェクトをドラッグ＆ドロップしておきます❼。
［書き出し］をクリックすると、指定したオブジェクトだけを別のファイルとして書き出せるようになります❽。

> **memo**
> 登録したオブジェクトは［アセットの書き出し］パネルから直接書き出せるほか、［スクリーン用に書き出し］ダイアログの［アセット］ボタンからも書き出せます。

図1 ［スクリーン用に書き出し］ダイアログ

367

| 練習用データ ≫ 18-06 |

Chapter 18　実習

Lesson 06　IllustratorでWeb用の画像を作る（3）SVGで書き出す

Illustratorの強みであるベクターデータをそのままWebに使うなら、SVG（Scalable Vector Graphics）がおすすめです。Illustratorでの書き出し手順を覚えましょう。

このレッスンでやること

☐ SVGデータで書き出す方法を学ぶ

SVGはブラウザで表示したときに拡大・縮小しても劣化しない、Webで表示できるベクター画像のファイル形式です。ロゴやアイコン、イラストをくっきり表示したいときに便利です。

STEP 1　SVGとして書き出す

SVGのファイル形式を選択できる項目は次のとおりです。

- ［ファイル］メニュー→［別名で保存］❶
- ［ファイル］メニュー→［書き出し形式］❷
- ［ファイル］メニュー→［スクリーン用に書き出し］❸
- ［アセットの書き出し］パネル❹

上記のいずれかを選択します。

> **memo**
> アートボード単位で書き出す場合、SVGに余白が含まれてしまうことを防ぐため、あらかじめアートボードの余白を無くしておきます。自動でアートボードの余白を削除するには［オブジェクト］メニュー→［アートボード］→［オブジェクト全体に合わせる］を選択します。

SVGのオプションにアクセスする

SVGファイルはオプションの設定が重要です。
［スクリーン用に書き出し］を選択した場合は、右側の
［フォーマット］欄の歯車のアイコンをクリックします
❺。

［アセットの書き出し］を選択した場合は、［パネルメニュー］から［形式の設定］をクリックします❻。

> memo
>
> ［別名で保存］や［書き出し形式］はオプションの設定ができません。

 オプションを設定する

［スクリーン用に書き出し］［アセットの書き出し］のいずれかのオプションを選ぶと同じダイアログが表示されます❼。
おすすめの設定は次のとおりです。

- フォント：アウトラインに変換（もしくはあらかじめフォントをアウトライン化しておく）
- レスポンシブ：チェックなし

［レスポンシブ］にチェックが入っていると、SVG自体は決められた幅や高さを持たず、表示される領域（ブラウザの中のHTMLタグやそのサイズ）に従って大きさが変わります。

 書き出してブラウザで確認する

SVGとしてデータを書き出したら、ブラウザにドラッグ＆ドロップしてどのように表示されるかを確認します❽。

| Chapter 18　実習

| 練習用データ >> 18-07

Lesson 07　Photoshopで印刷物を作る（1）プリンターでトンボ付きデータを印刷する

Photoshopで制作したデザインを自宅やオフィスのプリンターで出力する手順を紹介します。通常は［プリント］を選ぶだけですが、トンボ付きの印刷物の作り方も一緒に紹介します。

このレッスンでやること
☐ トンボ付きデータを作成する

Photoshopはピクセルデータを扱うので、後からドキュメントを拡大するとピクセルが目立つ面があります。あらかじめ仕上がりサイズと適切な解像度を踏まえて作業しましょう。

STEP 1　［新規ドキュメント］でサイズと解像度を決める

［ファイル］メニュー→［新規］で［新規ドキュメント］ダイアログを開き、［印刷］を選択します❶。サイズと解像度を確認します❷。解像度については300ppi以上が推奨されます。

memo
プリント時にトンボを付ける場合、この時点でドキュメントの幅と高さを各「6mm」追加します（上下左右に各3mmずつ）。ポストカードの場合は「156mm×106mm」となります。

memo
［印刷］のプリセットでは［カラーモード］について、デフォルトで［RGBカラー］が選択されています。［RGBカラー］のままでもプリントのエラーになることはないので、テスト印刷をしてみて検討するとよいでしょう。

STEP 2 裁ち落としエリアにガイドを設定する

[表示] メニュー→ [ガイド] → [新規ガイドレイアウトを作成] を選択します❸。[列] と [行] のチェックを外して❹、[マージン] にチェックを入れ❺、各「3mm」に設定して❻ [OK] ボタンをクリックすると、断ち落としの領域が「ガイド」として示されます。

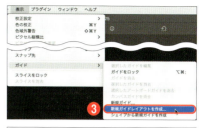

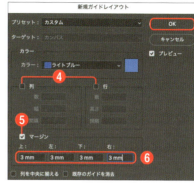

STEP 3 印刷する&トンボを付ける

[ファイル] メニュー→ [プリント] を選択して❼、使用プリンターや用紙サイズを指定して [プリント] ボタンを押し、プリンターを選択して印刷します❽。

トンボを付けたい場合は、右側のフレーム内をスクロールして、[トンボとページ情報] をクリックして開き、[コーナートンボ] と [センタートンボ] にチェックを入れます❾。
続けて、そのほかの機能の [断ち落とし] のボタンを押してから❿「3mm」と入力します⓫。
するとSTEP1で設定したドキュメントサイズに合ったトンボが作成されるので、裁ち落としを含めたトンボ付きのデータが印刷できます。

> **memo**
> このトンボ付きのデータをPDFにしたい場合は、[プリント] を押してから左下の [PDF] ボタンを選択するか、その横の矢印ボタンから [PDFとして保存] を選択します。ファイル名とPDFの拡張子を入力するとPDFが書き出せます。

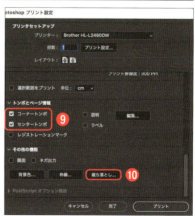

| Chapter 18　実習　　　　　　　　　　　　　　　　練習用データ >> 18-08 |

Lesson 08　Photoshopで印刷物を作る (2) PDFで保存する

Photoshopだけで仕上げたポスターやフライヤーをPDFにしたい場合の手順を紹介します。Illustratorと同様、PhotoshopでもPDF書き出しが可能です。

このレッスンでやること

☐ PhotoshopデータをPDFで保存する

Photoshopのドキュメントは JPG や PNG に変換することが多く、これらの形式は多くのコンピュータで表示できますが、PDFはAcrobatなどと併用するとコメントを入れられるなど、PDFならではの便利な機能が活用できます。PDFの変換方法を知っておくと役に立ちますよ。

STEP 1　[新規ドキュメント] でサイズと解像度を決める

[ファイル] メニュー→ [新規] で [新規ドキュメント] ダイアログを開き、[印刷] を選択します❶。サイズと解像度を確認し、[作成] を押します❷。

STEP 2　[別名で保存] を選択する

[ファイル] メニュー→ [別名で保存] → [Photoshop PDF] を選択します❸。

> **memo**
> [別名で保存] の選択後、[Creative Cloudに保存] が表示される場合、[コンピューター] を選択します。

372　Lesson 08　Photoshopで印刷物を作る (2) PDFで保存する

STEP 3 プリセットや規格を選ぶ

印刷用途であれば、[Adobe PDF プリセット]を[PDF/X-4：2008（日本）]や[高品質印刷]を選択して❹[PDFを保存]を選択します❺。容量の軽いPDFが欲しい場合[最小ファイルサイズ]がおすすめですが、画質は劣化する傾向にあります。

> **memo**
> [PDF/X-4:2008（日本）]は商業印刷物用のデータとして一般的に用いられる高品質なPDFの規格のひとつです。

図1 Adobe Acrobat Readerで確認した画面

MINI COLUMN ［校正設定］で見た目を事前にシミュレートする

Photoshopの［表示］メニュー→［校正設定］を使うと、選択した項目に応じて近い色味をシミュレートできます。特に、緑系と赤系が似通った色相に見える、［P型（1型）色覚］や［D型（2型）色覚］の項目は、ユニバーサルデザインに対応・配慮する上で便利です。表示を元に戻す場合は［表示］メニュー→［色の校正］にチェックを入れます。

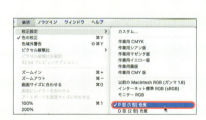

図2 元の画像

図3 P型（1型）色覚をシミュレートした結果

Chapter 18　実習

練習用データ >> 18-09

Lesson 09　PhotoshopでWeb用の画像を作る

Photoshopは写真を扱うWebデザインで活躍するアプリです。バナーやSNS投稿画像をPhotoshopで効率よく書き出す基本の操作を押さえましょう。

このレッスンでやること
- [ ] PhotoshopでWeb用の画像を作る

画質と容量のバランスが求められるWeb用画像は、適切なファイル形式（PNG/JPG/WebPなど）を選ぶことが大事です。

STEP 1　［新規ドキュメント］でサイズと解像度を決める

［幅］と［高さ］をピクセル単位で設定し、［解像度］を「72ppi」程度、［カラーモード］は［RGBカラー］にします❶。背景色を透明にしたい場合はカンバスカラーで［透明］を選択します❷。

> **memo**
> ［アートボード］にチェックが入っていると、ひとつのドキュメント内に複数のデザインを「アートボード」として表示できるようになります。

STEP 2　[書き出し形式]を開いて設定する

[ファイル]メニュー→[書き出し]→[書き出し形式]を開き、[ファイル設定]からPNGやJPGなどの拡張子を選択できます❸。

- PNGの場合：
透明の有無をチェックで選択します。[8-bit]を選択すると色数が制限される代わりにファイル容量が軽くなります。

- JPGの場合：
画質のスライダーを調整し、画質の低下が目立たないかを確認します。

STEP 3　色空間情報を設定して書き出す

[書き出し形式]の[色空間情報]を確認します。[sRGBに変換]、[カラープロファイルの埋め込み]にチェックを入れます❹。最後に[書き出し]を選択し、保存先を指定して画像の書き出しを行います❺。

> **memo**
>
> この部分にチェックがないと、モニターなどの設定によって異なる色の解釈がなされてしまい、色によっては作った側が意図した色とは別の色が表示されることもあります。

索引 Index

◂ 数字・アルファベット

2分割表示 - 垂直方向	213
AB-j_gu	133
Active	330
Adobe Fonts	128
Adobe Fontsから追加	132
Adobe ID	16
Adobe Illustrator	14
Adobe PDF プリセット	360
Adobe PDF (.pdf)	360
Adobe Photoshop	14
Adobe RGB	356
Adobe Stock	16
Adobe公式サイト	16
ADS マンボ	308
AI形式	31
Bello Script Pro Regular	174
Camera RAWフィルター	286
CC0	200
CMYK	354
CMYKカラー	354
CoconPro Bold (FF Cocon)	167
Cooper Std Black	174
Creative Cloud	15
Display P3	356
DNP 秀英角ゴシック銀 Std	336
D型 (2型) 色覚	373
Funkydori	349
Illustrator 初期設定	360
Illustratorで画像編集	162
Illustratorに画像を配置	150
JPEG形式	31
JPEGのノイズを削除	287
JPG	151
macOS	32
Moolong Chocolate VF (Moolong チョコレート バリアブル)	167
Noto Sans CJK JP	351
PDF/X-4：2008 (日本)	373
PDF形式	31
Photoshop PDF	372
Photoshopで編集	158
PNG形式	31
POPを作る	172
ppi	198
PSD形式	31
P型 (1型) 色覚	373
RGB	354
sRGB	356
SVG (Scalable Vector Graphics)	368
SVG形式	31
TAC値	355
TIFF形式	31
Windows	32
ZEN Maru Gothic Bold (ZEN丸ゴシック)	140

◂ あ行

アーティスティック	284
アートとイラスト	49,326
アートボード	19
アートボードに整列	76
アイコン	14
アウトライン	146
アウトラインを作成	147
明るさ・コントラスト	212
アクティベート	133
アセットの書き出し	367
アピアランス	138
[アピアランス] パネル	138
粗いパステル画	284
アレンジ	213
アンカーポイント	107,236
[アンカーポイント] ツール	123
[アンカーポイントの削除] ツール	123
アンカーポイントの整列	76
[アンカーポイントの追加] ツール	123
アンカーポイントを調整	146
アンシャープマスク	274
一般	38,56,72
移動	36
[移動] ツール	184
[イメージ] メニュー	202
イラストを作成	61
色空間情報	375
色の校正	373
色をコピー	57
色を設定する	48
[ウィンドウ] メニュー	20
ウェイト	127
埋め込み	151
埋め込みを解除	159
埋め込みを配置	186,268
エッジをシフト	231
エリア内文字	140
円柱	257
[鉛筆] ツール	106
欧文フォント	126
[覆い焼き] ツール	261
覆い焼きカラー	270

オーバーフロー 141
オーバーレイ 229
オープンパス 108
同じ位置にペースト 70
オブジェクト 34
オブジェクト全体に合わせる 368
[オブジェクト選択]ツール 221
オブジェクトにタイルサイズを合わせる.............103
オブジェクトの角度を変更.......................... 40
オブジェクトの重ね順を変更.......................79
オブジェクトの角を丸くする 53
オブジェクトのサイズを変更 40
オブジェクトを一括選択............................ 86
オブジェクトを回転................................... 40
オブジェクトをグループ化 71
オブジェクトを反転.................................. 42
オブジェクトを非表示 82
オブジェクトを表示.................................. 82
オブジェクトを複製.................................. 69
オブジェクトを別のレイヤーへ移動.............78
オブジェクトを変形..................................53
オブジェクトをロック 82
オプションバー 20

◀か行

カーニング 128
カーニングを設定 135
改行 130
解像度（出力解像度）............................. 30
階調 281
顔を検出 253
書き出し形式 356
角度補正 208
重ね順 62,79
カスタム 258
画像解像度 199
画像サイズ 201
画像トレース 162
画面の移動 26
画像の回転 207
画面の拡大 26
画像の傾きを修正 207
画像の方向を修正 207
画像編集 15
画像を埋め込み......................................159
画像をトリミング 154
画素数 198
合体 170,178
角を拡大・縮小 56
髪の毛を調整..230,319
画面の移動 26
カラーオーバーレイ.................................340
カラーハーフトーン 328
[カラー]パネル 58

カラーバランス 321
カラーピッカー...................................... 90
カラープロファイル 354
カラープロファイルを埋め込み...................356
カラーモード 30,354
カラーを編集...161
間隔 93
環境設定 32
カンバス 19
カンバスサイズ 205
カンバス拡張カラー 206
カンバスサイズを変更 205
木 267
キーオブジェクトに整列..........................76
基準点 173
行送り 135,306
境界線 309
[境界線調整ブラシ]ツール 230
境界をぼかす 253
行間を設定 141
行揃えを設定 135
共通 85
曲線上に文字を配置 143
曲線を描く 117,236
許容量 253
切り抜いたピクセルを削除........................209
近似色に合わせる...................................246
均等配置 142
[クイック選択]ツール 221
クイックマスク......................................183
雲模様 267
グラデーション.....................48,95,194,291
[グラデーション]ツール 97,195
グラデーションオーバーレイ......................310
[グラデーション]パネル 95
グリッドにスナップ................................67
クリッピングマスク 154,259
クリッピングマスクを解除........................155
クリッピングマスクを作成.........................155,259
グリフにスナップ 67
グループの解除 72
グループ編集モード 71
グレースケール...................................... 58
グレースケールに変換 161
クローズパス...108
グローバルスウォッチ.............................98
グローバル調整 231
形状モード 177
[消しゴム]ツール 110,188,290
消点 266
"源ノ角ゴシック Heavy
（sourcehan-sans-japanese）" 176
源ノ角ゴシックJP..................................305
広角補正 266

377

[効果] メニュー	160
合成画像	15
校正設定	373
構造	249
コーナートンボ	371
ゴシック体	126
コピー	29,53,57,69,285
コピーしてレイヤーを複製	260
[コピースタンプ] ツール	247,255
個別に変形	43
コンテキストタスクバー	20,227
[コンテンツに応じた移動] ツール	249
コンテンツに応じる	208
コントロールバー	20
コントロールポイント	107
コンプリートプラン	15

◀ さ行

再サンプル	203
サイズ	87
最前面へ	62,81
彩度	90,136,211
彩度を下げる	263
最背面へ	80
作業画面	19
作業用CMYK-Japan Color 2001 Coated	344
作業用パス	238
[削除] ツール	247
サブツール	22
サブツールを選択	22
サブツールを展開	22
サブレイヤー	78,80
サムネールサイズ	191
サムネールの内容	191
サムネール	182
[三角形] ツール	291,298
サンセリフ体	126
サンプル	246
シェイプが重なる領域を中マド	237
色域指定	253
しきい値	163
色相	90,137,211
色相・彩度	211
色調補正	210
[色調補正] パネル	210
自然な彩度	261
自動グループ化	163
自動選択	184
[自動選択] ツール	221
シャープ	267,273
写真をレタッチする	252
シャドウ	321
[修復ブラシ] ツール	222,246
自由変形	320

出力設定	231
乗算	102,257
情報	357
[書式] メニュー	132
書体	126
白黒	160
新規グループを作成	193
新規効果を追加	139
新規作成	30
新規スウォッチ	99
新規線を追加	139
新規塗りつぶしレイヤー	195
新規塗りを追加	174
新規パス	238
新規ファイル	18
新規レイヤーを作成	78
垂直方向中央に整列	25,76
垂直方向に移動	37
水平方向中央に分布	75
水平方向に移動	39
スウォッチオプション	100
[スウォッチ] パネル	98
[ズーム] ツール	26
スキントーン	253
スクリーン	263,271
スクリーン用に書き出し	366
スケールを追加	367
スケッチ	267
[スター] ツール	47,49
スタイライズ	346
[スタイル] パネル	90
ステータス情報	357
スナップ	66,365
すべてのアートボードへペースト	70
すべての属性ロック	192
すべてのツール	24
すべてを表示	84
すべてをロック解除	83
[スポイト] ツール	23,58,315
[スポット修復ブラシ] ツール	246
[スポンジ] ツール	261
スマートオブジェクト	267,273
スマートオブジェクトに変換	267,273
スマートガイド	66
スマートシャープ	316
スマートフィルター	183,268
スマートフィルター用に変換	268,273
スマートフィルターを削除	268
生成	209
生成AI	207,263
生成拡張	208
生成塗りつぶし	250
[生成塗りつぶし] レイヤー	250
整列	74,296

セグメント 107,236
線オプション 294
線形グラデーション 173
センタートンボ 371
選択 34
[選択]ツール 35,37
選択とマスク 228
選択範囲 220
選択範囲から削除 233
選択範囲に追加 233
選択範囲の変更 276
[選択範囲]メニュー 228
[選択範囲を作成] 239
選択範囲を作成する 222
選択範囲を反転 234
[選択ブラシ]ツール 221,233
選択を解除 58,302
線端 93
[線]パネル 93
線幅 93
線幅と効果を拡大・縮小 56
線分 93
[線]ボックス 90
前面オブジェクトで型抜き 120,178
前面へ移動 81
前面へペースト 69
操作の取り消し 27
操作のやり直し 27
属性 229
[属性]パネル 231
ソフト円ブラシ 322
ソフトライト 271
空のドキュメントプリセット 49

◀た行

[ダイレクト選択]ツール 35
[楕円形]ツール 47,50,291,342
[楕円形選択]ツール 221
[多角形]ダイアログ 51
[多角形]ツール 47,51
[多角形選択]ツール 221,250
ダスト&スクラッチ 277
[縦書き文字]ツール 336
単色 48,90,291
[段落]パネル 135,306
中央揃え 135,306
中間調 261,281,321
チュートリアル 18
[調整ブラシ]ツール 254
調整レイヤー 183
[長方形]ツール 47,50,291,295
[長方形選択]ツール 221

[長方形を作成]ダイアログ 295
調和 320
[直線]ツール 47
直線を描く 116,293
チラシ 14
通常のレイヤーに変換 187,318
ツールのダブルクリック 23
ツールバー 19
ツールバーを編集 24
ツールパネル 19,22
ツールパネルを切り離す 23
ツールパネルをリセット 24
ツール表示をカスタマイズ 24
ツールモードを選択 236
ツールを切り替える 22
ディティール 285
手書き文字をベクターデータにする 162
テキストエリア 141
[手のひら]ツール 23,26
トーンカーブ 281
透明 87
透明グリッドを表示 112
透明グリッドを隠す 114
[透明]パネル 87,271
ドキュメントエリア 19
ドキュメントのカラーモード 171,354
ドキュメントのプロファイル 357
ドキュメント名 30
トラッキング 128
トリムマーク 100,361
トレース 117,162
ドロップシャドウ 309
トンボ 100,361
トンボとページ情報 371
トンボと断ち落とし 361

◀な行

[なげなわ]ツール 221,250
滑らかさ 316
ニューラルフィルター 266,314
塗り足し 361
[塗りブラシ]ツール 91,112
塗りブラシツールオプション 113
[塗り]ボックス 48,58
ノイズ 277,327
ノイズ軽減 287

◀は行

[バージョン履歴]パネル 28
背景色 267,285
背景の設定 30
背景レイヤー 187
背景レイヤーを通常のレイヤーに変換 187
背景を削除 226

379

背景を読み込み 227
配置 120,153,345
背面へ 62
背面へペースト 70
ハイライト 261
バウンディングボックス 40,184
バウンディングボックスを表示 41,189
バウンディングボックスを隠す 41
パス 107,235
[パス上文字]ツール 143
パス化 162,338
[パスコンポーネント]ツール 238
[パス選択]ツール 238
パスのアウトライン 169
パスの変形 139
[パス]パネル 238
パスファインダー 170,179
パスを選択範囲として読み込む 239
[パスを保存]ダイアログ 238
破線 92
パターン 48,90,101,291
パターンオーバーレイ 327
パターンオプション 101
パターンを作成する 101
パターンを定義 326
肌をスムーズに 316
パッケージ 159,363
バナー画像 324
バナー広告 324
パネル 19
パネルの詳細を表示 25
パネルメニュー 25,181
パネルをグループ化 25
パネルをグループから切り離す 25
パネルを縮小 26
パネルを非表示 25
パネルを表示 25
バリアブルフォント 167
範囲 261
パンク・膨張 348
半径 51,161,274,279
ハンドル 107,117,236
ピクセル 15
ピクセルグリッドに整合 365
ピクセルにスナップ 67
ピクセルプレビュー 364
ピクセレート 267,328
被写体を選択 229
[ヒストリー]パネル 28
ビットマップデータ 15
ビデオ 267
描画 267,282
描画色 188
描画モード 90,102,194,266

表現手法 267
表示の拡大 26
表示の縮小 26
表示倍率 27
表示モード 229
[ファイル]メニュー 18,30
ファイルを開く 18
ファイルを保存 31
ファミリー 127
ファミリーを追加 133
フィルターオプション 181
フィルターギャラリー 266,283
[フィルター]メニュー 266
フォント 126
フォントサイズ 134,305
フォントサイズを変更 134
フォントファミリー 127
複合シェイプ 178
複合パス 120,170
複合パスを解除 168
複数のオブジェクトを選択 38
不透明度 87,181,188,271
[ブラシ]ツール 23,106,109,187,222
プリインストールされているフォント 32
プリセット 18,107,163,266
プリセットの詳細 326
[プリント]ダイアログ 358
[プリント分割]ツール 259
[フレーム]ツール 326
[プロパティ]パネル 43,48,87
プロファイルの指定 356
プロファイル変換 356
プロンプト 21
分岐点 96,195
ペースト 29
[ペースト]ダイアログ 328
ベースラインシフト 126
ベクター化 162
ベクターデータ 14
ベクトルマスク 183
ベジェ曲線 107
別名で保存 360
ベベルとエンボス 311
ヘルプバー 21
[ペン]ツール 23,91,106,115,235,291
変形 39,53,256
[編集]メニュー 24
辺の数 51
ポイントテキスト 142
ポイントにスナップ 67
ポートレート 314
ホーム画面 18
ぼかし 161,267
ぼかし(ガウス) 161

ぼかしギャラリー 267
ポスター 14,372
保存形式 31
炎 267

◀ま行

[マグネット選択]ツール 221
マスク 183
マスクの編集モード 156
明朝体 126
明度 90,136,211
メトリクス 128
メニューバー 20
モード 354
[文字]ツール 130
文字間のカーニングを設定 135
文字タッチツール 167
文字の色を設定 144
[文字]パネル 127,133,291,306
文字を入力 130,291,304
百千鳥VF 129

◀や行

[焼き込み]ツール 261
焼き込みカラー 270,285
ゆがみ 266
用紙の方向 359
[横書き文字]ツール 305

◀ら行

ライブコーナーウィジェット 53
[ライブペイント]ツール 91
[ライン]ツール 291
ラスターデータ 15
ラスタライズ 15
[切り抜き]ツール 206
リフレクト 42
[リフレクト]ツール 43
リンク 151,192
リンク切れ 151,159,259
[リンク]パネル 158
レイアウト 66
レイヤー 68,180
レイヤー0 187
レイヤーから背景へ 181
レイヤー効果 183,308
レイヤーサムネール（レイヤーサムネイル）...........182
レイヤースタイル 183
レイヤースタイルのコピー 331
レイヤースタイルのペースト 331
レイヤースタイルを消去 311
レイヤーにラベルを付ける 192
レイヤーのグループ化 180

レイヤーの結合 180
レイヤーの検索 181
レイヤーの作成 78,180
レイヤーの順番を入れ替える 77
レイヤーの名前を変更 78
レイヤーの表示・非表示 180,191
[レイヤー]パネル 77,180
[レイヤーパネルオプション]...191
レイヤーマスク 183
レイヤーを削除 190
レイヤーを新規作成する 187
レイヤーを選択 181
レイヤーを複製 180,189
レイヤーをラスタライズ 263
レイヤーをリンク 192
レジストレーション 100
レベル補正 212,280
レンズの種類 282
レンズフレア 280
レンズ補正 266
ローマン体・セリフ体 126
ロゴ 14,187
露光量 258
ロゴを作る 166
ロックを解除 83

◀わ行

ワークスペース 21
ワークスペースのリセット 21
ワープ 256
和文フォント 126

おわりに Epilogue

　ここまでお読みいただきありがとうございました。IllustratorやPhotoshopの楽しさや魅力が伝わったのであれば嬉しく思います。

　近年は簡単にデザインを作れるサービスやアプリケーション、画像生成関連のAIが増えたことで、誰もがクリエイターになれる時代だと言われています。その中でも特に長い歴史のあるIllustratorとPhotoshopは就職・転職活動に強く、いわゆる「パソコンスキル」や「手に職」のひとつに数えられたり、プロのクリエイターの必須スキルとして多くの学校でアプリの操作に関する授業が行われています。

　その一方で、何かを創るクリエイターにとって本当に大切なことは、こうしたアプリのスキルを使って「何を作るか」「作ったものがどのような価値や体験を生むか」の2点だと私は考えています。この本で基本的な操作を学んだ後にはぜひ、デザインやクリエイティブそのものに対して学びを深めてください。読者の皆様が実践と学びを積み重ねて、素敵なクリエイターとして活躍されることを願っています。

　本書を出版するまでには多大なる時間を要してしまいました。はじめのオンラインミーティングに同席したときに首も座っていなかった乳児は、時が流れおしゃべりな3歳児に成長しました。長期間辛抱強くお付き合い頂いたSBクリエイティブの小平様にはお詫びと御礼を申し上げます。また、デザインを担当頂いた新井様・八木様、DTPを担当頂いたクニメディア様、素敵なイラストを描いてくださった白村くま子様、印刷製本を担当してくださった皆様、家族と保育園の先生方、今まで講座や授業を受講いただいた皆様と、読者の皆様に深く感謝申し上げます。

浅野 桜

浅野 桜 Sakura Asano

株式会社タガス代表取締役

印刷会社、化粧品メーカー勤務を経て株式会社タガス設立。印刷物やWebサイトに関する制作や運用のほか、書籍執筆、学校や企業での講師などをつとめる。近著に『イラレの5分ドリル 練習して身につけるIllustratorの基本』『フォトショの5分ドリル 練習して身につけるPhotoshopの基本』（翔泳社）、『作りたい!からはじめる　気ままにイラレ＋Illustrator基本ガイド』（エムディエヌコーポレーション）などがある。

装幀・本文デザイン	新井大輔　八木麻祐子（装幀新井）
イラスト	白村くま子
組版	クニメディア株式会社
編集	小平彩華

▶ 本書サポートページ　https://isbn2.sbcr.jp/21575/

- 本書の内容の実行については、すべて自己責任のもとで行ってください。内容の実行により発生したいかなる直接、間接的被害について、著者およびSBクリエイティブ株式会社、製品メーカー、購入した書店、ショップはその責を負いません。
- 本書に掲載されている画面や手順は一例であり、すべての環境で同様に動作することを保証するものではありません。読者がお使いのパソコン環境、周辺機器などによって、紙面とは異なる画面、異なる手順となる場合があります。
- 読者固有の環境についてのお問い合わせ、本書の発行後に変更されたアプリ、インターネットのサービスなどについてのお問い合わせにはお答えできない場合があります。あらかじめご了承ください。
- 本書に掲載されている手順以外についてのご質問は受け付けておりません。

Illustrator & Photoshop 基本がしっかりわかる授業

2025年4月30日　初版第1刷発行

著者	浅野 桜
発行者	出井 貴完
発行所	SBクリエイティブ株式会社 〒105-0001　東京都港区虎ノ門2-2-1 https://www.sbcr.jp/
印刷・製本	株式会社シナノ

落丁本、乱丁本は小社営業部にてお取り替えいたします。定価はカバーに記載されております。
Printed in Japan　ISBN 978-4-8156-2157-5